改訂版

建設副産物リサイクル広報推進会議 編著

建設リサイクル実務Q&A

Recycling-construction-wastes business Q&A

REDUCE
REUSE
RECYCLE

大成出版社

刊行にあたって

　資源循環型社会や低炭素型社会の構築が求められている昨今、大量の資源投入を行い、大量の解体廃棄物を排出する建設産業が果たす役割はとりわけ大きなものとなっています。

　「建設リサイクル法」施行以来、建設事業に携わる多くの関係者のご尽力、ご協力により、建設リサイクルは飛躍的に向上してまいりましたが、今後も建設リサイクルを推進していくためには、公共事業の発注者、設計者、建設現場で指揮を執る建設技術者等の建設リサイクルに関する適切な理解と判断、そして関係者の協力が不可欠であります。

　本書で取り上げた質問は、全国の主要都市で開催した「建設リサイクルの講習会」や「廃棄物処理法の講習会」等で参加者から頂いた質問や、建設副産物リサイクル広報推進会議の事務局に寄せられる質問などを参考として作成したもので、建設事業の実務に携わる建設技術者のために、法律の内容や具体の対応例を分かりやすく系統的にQ&A形式で取りまとめました。

　本書が多くの実務関係者に活用され、建設副産物リサイクルの更なる推進の一助となることを期待しております。

　最後になりましたが、本書の刊行にあたり、建設リサイクル、建設副産物の適正処理に詳しい専門家の方々に、懇切丁寧なご指導を賜りましたことに深く感謝の意を表します。

建設副産物リサイクル広報推進会議
会長　　北　橋　建　治

目 次

・用語の解説
・建設廃棄物の現状
・建設リサイクル法概要

①共　通

法解釈	Q001	建設リサイクル法と廃棄物処理法との関係はどのようになっていますか？	003
	Q002	建設リサイクル法と資源有効利用促進法との関係はどのようになっていますか？	004
	Q003	建設リサイクル法第39条には「各下請負人が…再資源化を適切に行う」とありますが、廃棄物処理法では元請業者が排出事業者として廃棄物の処理を行わなければならないのではないでしょうか？	005

②建設リサイクル法

定義	Q004	「建設資材廃棄物」と「特定建設資材廃棄物」とはなんですか？	009
	Q005	指定副産物と特定建設資材廃棄物の関係はどうなっていますか？	010
	Q006	モルタルや木質ボードは特定建設資材となりますか？	011
	Q007	熱を得ることに利用することができる状態にするとは何を指すのでしょうか？	011
	Q008	分別解体等に係る施工方法に関する基準（規則第2条）のうち、「構造上その他の解体工事の施工の技術上これにより難い場合」とはどんな場合ですか？	012
	Q009	建設会社が自社ビルを請負契約によらず自ら新築・解体等する場合は、自主施工と考えてよいのですか？	012

i

定義	Q010	伐採木や梱包材、コンクリート型枠等は分別解体等・再資源化の対象となりますか？	013
	Q011	特定建設資材にはどのような建設資材がありますか？	014
	Q012	建築物等を新築する際に現場で使用せず持ち帰ったコンクリートも、分別解体等・再資源化等の対象となるのでしょうか？	016
	Q013	建設リサイクル法第9条第1項の「正当な理由」とはどんな場合ですか？	016
関係者の責務	Q014	建設リサイクル法において、国及び地方公共団体の役割はどうなっていますか？	017
	Q015	建設リサイクル法において、発注者の役割はどうなっていますか？	018
	Q016	建設リサイクル法において、建設業者（受注者）の役割はどうなっていますか？	020
	Q017	建設リサイクル法において、建設資材廃棄物の処理業者（廃棄物処理業者）の役割はどうなっていますか？	023
	Q018	請負契約ではなく委託契約で解体工事を発注した場合は、分別解体等の義務は免除されますか？	023
	Q019	解体工事と新築工事を発注者が別々の業者と契約した場合、対象建設工事に該当するかどうかは、どのように判断するのですか？	024
	Q020	元請業者は、下請、二次下請業者にどのようなことを指導すればよいですか？	026

解体工事業	Q021	解体工事業者はどのような解体工事を請け負うことができるのですか？	026
	Q022	解体工事業の登録では、その登録申請事項及び登録対象業者はどのようになりますか？	027
	Q023	小規模な解体工事のみを請け負う場合でも解体工事業の登録が必要ですか？	034
	Q024	仮設工事、はつり工事を行う二次、三次の下請業者も解体工事業の登録が必要ですか？	034
	Q025	解体工事については下請が施工し、元請は施工しない場合でも、元請は解体工事業者の登録は必要ですか？	035
	Q026	附帯工事として解体工事（例えば、水道施設工事に伴う道路舗装の打替え等）を行う場合は、解体工事業者の登録をしてなくてもよいのですか？	035
	Q027	登録業者の情報公開はどのように実施されますか？	036
技術管理者	Q028	建設リサイクル法第31条で設置が義務付けられている技術管理者とはなんですか？	039
	Q029	技術管理者は兼任でもよいのですか？	041
	Q030	技術管理者は元請業者だけ設置すればよいのですか？	042
	Q031	一つの解体工事業者に技術管理者が複数いる場合は、全てを申請する必要があるのですか？	042
対象建設工事	Q032	わずかしか特定建設資材廃棄物が発生しないような工事も対象となりますか？	043
	Q033	対象建設工事の規模の確認について、延べ床面積の確認申請書がない場合、登記簿面積でよいですか？	043

対象建設工事	Q034	建築物本体は既に解体されており、建築物の基礎・基礎杭のみを解体する場合は対象建設工事となるのですか？	044
	Q035	建築物以外の工作物とは何を指すのですか？	045
	Q036	建築設備単独工事が対象建設工事となるのかどうかはどう判断すればよいのですか？	045
	Q037	複数の工種（建築物解体、建築物新築・増築、建築物修繕・模様替等、土木工事等）にまたがる工事の場合、どのように対象建設工事を判断するのですか？	046
	Q038	建設工事の規模に関する基準のうち、請負金額で規模が定められている工事で、発注者が材料を支給し、施工者とは設置手間のみの契約を締結した場合、請負金額をどのように判断すればよいのですか？	046
	Q039	造成工事等で、擁壁の築造が幾つもの場所に分かれて築造される場合は、一連の単位で届出対象とするのですか、全体で判断するのですか？	047
	Q040	対象建設工事に当てはまらない小規模工事については、特に分別解体等を実施しなくてもよろしいのですか？	048
	Q041	建設資材を材木工場等でプレカットする場合も分別解体等・再資源化等の対象となりますか？	048
	Q042	特定建設資材廃棄物が全く出ませんが対象建設工事になりますか？	049
	Q043	建設工事の規模に関する基準のうち、請負金額で規模が定められているもの（建築物以外の工作物の工事、建築物の修繕・模様替等工事）は税込、税抜きのどちらですか？	049
	Q044	単価契約で工事を実施する場合は対象建設工事となりますか？	050

対象建設工事	Q045	マンション外壁の塗装工事を請け負う場合に、その請負金額が1億円を超える場合は、修繕・模様替等工事として届出は必要ですか？	050
	Q046	同一箇所で床面積50m^{2}と35m^{2}の建築物を別契約により解体する場合、届出は必要ですか？	051
届出・通知	Q047	届出は工事着手の7日前までとありますが、工事着手とはどのような時点をさすのですか？	052
	Q048	建設リサイクル法第13条及び第18条にある、情報通信の技術を利用できるのは、手続のうちどれですか？	052
	Q049	届出や通知は代理人が行ってもよいですか？	053
	Q050	通知は公文書で行う必要がありますか？	053
	Q051	発注者は解体工事の事前届出を都道府県知事に提出しなければなりませんが、事前届出から再資源化の完了まで、発注者と元請業者が行う事項とその手順はどのようになりますか？	054
	Q052	届出、通知にはどのようなことを記載する必要がありますか？	056
	Q053	届出の義務があるのは発注者だけですか？	058
	Q054	工事着手後、同一契約上で新たに対象建設工事が増えた場合、変更届出を提出すればよいですか？	058
	Q055	届出、通知の窓口はどこになりますか？	059
	Q056	届出を行う前に、元請業者から発注者へどういったことを説明すればよいですか？	060
	Q057	特定建設資材（コンクリート）を用いた鉄骨造の建築物で、上屋部分（鉄骨しかない）のみを解体する場合、届出は必要ですか？	061

届出・通知	Q058	複数の届出先にまたがる工事の場合、どこに届出・通知すればよいですか？	061
	Q059	届出、通知を受けた都道府県知事は、当該解体工事現場で分別解体が適正に施工されているかどうかをどのようにチェックするのですか？	062
	Q060	代理人が届出や通知を行う場合は委任状が必要ですか？	064
	Q061	届出や通知をしたあと工事が中止になった場合などはどのようにすればよいですか？	064
	Q062	対象建設工事でなかった工事が、変更等により対象建設工事となった場合はどうすればよいですか？	064
	Q063	対象建設工事の工事契約前に届出を提出してもよいですか？	065
	Q064	デベロッパーが施主から頼まれて工事を依頼され、業務委託契約あるいは工事請負契約を締結し、実際の工事はデベロッパーがゼネコンに発注した場合、届出は誰が行うのですか？	065
	Q065	建築物の解体工事と新築工事を同時に行うような場合には、届出書はどの様式を提出すればよいですか？	066
	Q066	工事完了予定日とはどの時点をさすのですか？	066
	Q067	届出書様式第一号の別表1及び別表3中の「建設資材の量の見込み」及び別表1～3中の「廃棄物発生見込量」の数量について、どのように記入したらよいですか？	067
	Q068	届出に添付する設計図又は現状を示す明瞭な写真はどのようなものが必要ですか？	067
	Q069	届出に対して変更命令がない場合、連絡をもらえますか？	068

届出・通知	Q070	変更命令を受けた場合、その後の手続はどうなりますか？	068
	Q071	どのような場合に変更届出を行うのですか？	069
	Q072	通知の様式は定められているのですか？	070
	Q073	同一敷地内で複数棟の建築を行い、床面積の合計が500m^{2}以上となる場合は、届出は必要ですか？	070
	Q074	届出を受理される要件は何ですか？	071
	Q075	届出書の中で工事着手の年月日を記入しますが、天候その他の条件で着手日が1〜2日ずれる場合でも変更の届出は必要となりますか？	071
	Q076	電気事故等で緊急工事により対応しなければならない工事は、届出は除外されますか？	072
	Q077	建設リサイクル法の都道府県知事への届出は、受注した建設業者が発注者に代わって提出しても大丈夫でしょうか？	072
	Q078	PPP、PFIなどの新事業形態の発注者・元請業者は誰になるのですか？	073
事前説明	Q079	建設リサイクル法第12条に基づく説明はいつすればよいのですか？	074
	Q080	事前説明の様式は定められていますか？	074
	Q081	公共工事については、いつ、どのような形で事前説明をすればよいのですか？	075
契約	Q082	建設リサイクル法第13条に掲げる契約書面における「分別解体等の方法」には何を記載すればよいのですか？	076

契約			
	Q083	新築工事や修繕・模様替等工事についても、契約書面における「分別解体等の方法」の記載が必要ですか？	076
	Q084	元請業者、下請業者等、受注者間の契約において注意点はありますか？	077
	Q085	対象建設工事に係る契約書面の記載内容はどのようになりますか？	078
	Q086	発注者、受注者間の契約手続はどのような考え方に基づいて行われますか？	080
	Q087	建設リサイクル法第13条に掲げる契約書面における「解体工事に要する費用」には何を記載すればよいのですか？	082
	Q088	契約書面における「再資源化等をするための施設の名称及び所在地」には全ての建設資材廃棄物について記載する必要がありますか？	082
	Q089	契約書面における「再資源化等に要する費用」には何を記載すればよいですか？	083
	Q090	元請業者が下請負人に分別解体等のみを請け負わせ、廃棄物の処理は別の業者に委託する場合等、下請負人との間の契約の内容に再資源化等が含まれない場合には、再資源化等に要する費用はどのように記載すればよいのですか？	083
	Q091	新築工事において、当初契約では端材の発生量がわからない等の理由で再資源化等に要する費用を見込んでいない場合、再資源化等に要する費用はどのように記載すればよいですか？	084
	Q092	工事を単価契約している場合、再資源化等をするための施設の名称及び所在地や再資源化等に要する費用はどのように記載すればよいですか？	084
	Q093	下請工事が特定建設資材を扱わない場合、契約書面に分別解体等の方法を記載する必要はありますか？	084

工事の施工	Q094	下請負人に告知するとありますが、告知の方法は決まっているのですか？	085
	Q095	国や地方公共団体が発注する工事の場合、下請負人へは何を告知すればよいのですか？	085
	Q096	下請契約において、下請負人が労務のみ提供する場合は、告知は必要ですか？	085
	Q097	標識について、解体工事業者が掲げなければならない掲示の内容はどのようになりますか？	086
	Q098	標識を掲示するのは元請業者ですか、下請業者ですか？	087
	Q099	対象建設工事に該当していなくても、標識は掲示しなければならないのですか？	087
	Q100	コンクリート及び鉄から成る建設資材については、コンクリートと鉄を分離する必要がありますか？	088
	Q101	現場での分別解体が義務付けられますが、現場とはどこからどこまでを指しますか？	088
	Q102	石膏ボードが付着したコンクリート、断熱材が付着した木材等、分別困難なものについては、どのように対応すればよいですか？	089
	Q103	コンクリートとアスファルト・コンクリートを分別しないでリサイクルできる場合（路盤材等）でも分別解体する必要はありますか？	090
再資源化等実施義務	Q104	離島で行う工事についても分別解体等・再資源化等は必要ですか？	091
	Q105	特定建設資材廃棄物については、最終処分の方が経済的に有利な場合も再資源化等を行う必要がありますか？	092
	Q106	解体工事の実施にあたり、現場ではミンチ解体を行って別の場所で分別してはいけないのでしょうか？	093

再資源化等実施義務

Q107	中間処理業者が特定建設資材廃棄物を再資源化し、当該再資源化物を建設資材の製造に携わる者に搬出する際、当該特定建設資材廃棄物の排出事業者である元請業者への報告は必要ですか？	093
Q108	ミンチ解体を実施し、熔融炉等で全て熱エネルギーとすることは再資源化に該当しますか？	094
Q109	再利用が可能な特定建設資材を現場で再利用することはできないのですか？必ず特定建設資材廃棄物として再資源化等を行う必要があるのですか？	096
Q110	特定建設資材廃棄物の再資源化施設への運搬距離に係る規定はありますか？	097
Q111	中間処理施設で破砕処理などを行う場合も再資源化に該当するのですか？	098
Q112	建設発生木材を破砕した後に単純焼却している施設に持込む場合は再資源化といえますか？	098
Q113	対象建設工事の実施にあたって建設発生木材を縮減してもよいのは、どのような場合ですか？	099
Q114	木材とパーティクルボードを使用する対象建設工事で、工事現場から50km以内の再資源化を行う施設では木材のみ受入れている場合は、再資源化等義務はどのように考えればよいのですか？	100
Q115	対象建設工事の実施にあたって、木材の再資源化を行う施設であっても、建設発生木材を受け入れていない場合や、需給関係などの理由で受入れを断られた場合はどうすればよいのですか？	100
Q116	中間処理を行ってから再資源化を行う場合、距離基準の50kmはどう考えればよいのですか？	101
Q117	防腐剤のしみこんだ廃材やコンクリートの付着したコンパネなど、再資源化が困難な木くずも再資源化しなければならないのですか？	101

工事の完了	Q118	解体により出された廃木材は、焼却炉で燃やしてよいのですか？	102
	Q119	再資源化等完了の報告について、発注者又は元請業者から都道府県知事への報告義務はないのですか？	103
	Q120	再資源化実施状況の記録の保存について、記録すべき内容及び保存期間はどのくらいですか？	106
	Q121	再資源化等を完了した日は、マニフェストに記載されている再資源化を行う施設における処分を完了した年月日と考えてよいですか？	106
	Q122	再資源化等をした施設の名称及び所在地、再資源化等に要した費用は、全ての廃棄物が対象となりますか？	107
	Q123	最終処分の確認について、廃棄物が少量である場合も全て確認が必要ですか？	107
	Q124	再資源化等完了の確認は、どのようにすればよいですか？	108
	Q125	解体工事業者は営業所ごとに帳簿を備えますが、その記載事項、保存期間はどのようになっていますか？	110
	Q126	最終処分の確認について、再資源化した場合どこまで確認が必要ですか？	112

③廃棄物処理法

法解釈	Q127	建設廃棄物の処理責任は誰が負うのですか？	115
	Q128	梱包材に関する排出事業者としての責任の所在はどのようになりますか？	116
	Q129	多量排出事業者に係る具体的な基準はありますか？	117

法解釈

Q130	廃棄物の譲渡及び物々交換等については、法律上問題ありますか？	117
Q131	特別管理廃棄物とはなんですか？	118
Q132	建設残土と汚泥の取扱区分等、汚泥の定義はどのようになっていますか？	120
Q133	木くずについて、一般廃棄物と産業廃棄物の区分はどのようになっていますか？	122
Q134	解体工事の際に残されている生活残存物について、どのように対応すればよろしいですか？	122
Q135	不適正処分に関する原状回復等の措置命令の強化等として排出事業者等が「適正な対価を負担していないとき」と規定されましたが、この「適正な対価」について何か基準等がありますか？	123
Q136	建設廃棄物をリサイクルする場合、どの時点で廃棄物から外れますか？	124
Q137	有償譲渡であれば1円でも有価物となりますか？	125
Q138	もっぱら物とは何ですか？	125
Q139	産業廃棄物と一般廃棄物とは、どのような違いがあるのですか？	126
Q140	建設副産物と建設廃棄物の関係はどのようになっていますか？	127
Q141	商社やエンジニアリング会社が元請となる工事の場合では、下請であるゼネコンが排出事業者となることはできないのですか？	128
Q142	自ら利用とはどのようなことですか？	128

法解釈	Q143	造成工事において根株等が混じる表土の現場内利用を考えています。建設工事から生じる伐採木、根株などは産業廃棄物に該当すると聞きますが、廃棄物としての取扱いの留意事項はどのようになりますか？	129
	Q144	現場で発生した木くずを近所の人がほしいというので、現場まで取りに来てもらって無償で譲渡しました。これは廃棄物処理法違反となりますか？	129
再生利用	Q145	再生利用認定制度（大臣認定制度）、指定制度とはどのようなものですか？	130
	Q146	廃棄物の広域認定制度とはどういうものですか？	132
	Q147	建設汚泥について、個別指定制度を使って再生利用する場合の考え方を教えて下さい。	133
	Q148	建設汚泥の再生利用に基準はありますか？	134
	Q149	現場から発生したコンクリート塊を破砕処理して自ら利用したいのですが、下請に破砕処理をさせてかまいませんか？	136
	Q150	中間処理業許可を取得して、コンクリート塊等の現場内再生処理を実施することは可能ですか？	137
	Q151	木くずの適正処理の基準等はどのようになっていますか？	138
	Q152	一般廃棄物としての木くずについて、自治体で受入困難な場合、どう対応すればよろしいですか？	139
	Q153	コンクリートの再生利用方法はどのようなものがありますか？	140
	Q154	アスファルト・コンクリート塊の再生利用方法はどのようなものがありますか？	141
	Q155	木くずの再生利用方法はどのようなものがありますか？	142

再生利用	Q156	特定建設資材廃棄物以外のものに係る再生利用について、どのように考えればよいですか？	143
	Q157	建設汚泥の再生利用のための処理方法にはどのような方法がありますか？	144
委託契約	Q158	建設廃棄物の委託契約を行いたいのですが、業者選定にあたってどのようなことを確認したらよいでしょうか？	146
	Q159	産業廃棄物の処理委託契約に係る事項について、詳細に説明して下さい。	147
	Q160	収集運搬業者と契約するには、どういうことに注意すればよいですか？	148
	Q161	処分業者と契約するには、どういうことに注意すればよいですか？	149
	Q162	再生処理を委託するにあたり処理委託契約書は必要ですか？	150
	Q163	中間処理業者に委託する際、その事業者選定方法の指針、優良業者の評価制度等はありますか？	150
保管	Q164	保管量の規定について教えて下さい。	151
	Q165	建設廃木材や建設汚泥を自ら利用する目的で現場内に保管する場合、保管の基準はあるのですか？	152
	Q166	保管量限度超過の際、超過分をどのように処理すればよいですか？	154
	Q167	廃棄物を現場外で保管する場合、保管場所の面積の考え方を教えて下さい。	154

運搬・処分	Q168	建設廃棄物を自社で運搬・処分をしたいのですがどのようにすればよいですか？また、どのようなことに注意すればよいですか？	155
	Q169	収集運搬業許可について、許可が必要な自治体の考え方を教えて下さい。	158
	Q170	下請業者による産業廃棄物の運搬は、一切認められないのですか？	159
	Q171	木くずをチップ化して搬送する場合、収集運搬の許可は必要ですか？	160
マニフェスト	Q172	マニフェストの発行が必要ないのは、どんな場合ですか？	161
	Q173	マニフェストの種類と使い方を教えて下さい。	162
	Q174	マニフェストシステムとはどういう仕組みですか？	166
	Q175	電子マニフェストの仕組みはどのようになっていますか？	167
	Q176	マニフェストが返送されてこない場合や、返送されてきたマニフェストに記載不備があった場合、どのように対応すればよいのでしょうか？	168
	Q177	マニフェストの交付や管理について、違反した場合どのような罰則がありますか？ また、マニフェストの書き間違えがあった場合は、虚偽の記載となるのでしょうか？	169
	Q178	解体工事現場や個人住宅の建築等の現場で廃棄物を排出する時、管理者がいない場合には、マニフェストの交付についてどのように対応したらよいですか？	170
	Q179	建設発生土の運搬、処分を委託する場合、マニフェストの交付は必要ですか？	170

xv

区分	番号	質問	頁
マニフェスト	Q180	自社再資源化施設等に廃棄物を持ち込む場合、収集運搬、再資源化等の許可は必要ですか？	171
	Q181	広域認定制度を用いて建設廃棄物を再生利用する場合、マニフェストは必要ですか？	172
	Q182	個別指定制度を用いて、建設汚泥をリサイクルする場合、マニフェストは必要ですか？	172
	Q183	同一排出事業者の他現場で建設汚泥の自ら利用をする場合、マニフェストは必要ですか？	173
	Q184	工事現場で下請業者が既設のコンクリートを撤去して収集運搬業者のトラックに積み込みましたが、マニフェストは、誰が交付するのでしょうか？	173
適正処理	Q185	PCBを使用した使用済みの電気機器の取扱いはどうしたらよいですか？	174
	Q186	現場で発生したコンクリート塊、アスファルト・コンクリート塊をそのまま現場内で埋立処分することは可能ですか？	176
	Q187	特別管理産業廃棄物の処理にあたって注意することについて教えて下さい。	177
	Q188	石綿含有建材（石綿含有成形版等）を切削した場合の廃棄物処理法上の処理方法はどのようにすればよいのですか？	178

④その他

番号	質問	頁
Q189	平成23年4月の廃棄物処理法改正の概要を教えて下さい。	181
Q190	CCA処理木材はどのように判断したらよいですか？また、どのような処理施設に搬入したらよいですか？	182
Q191	石膏ボードの処理はどのようにしたらよいですか？	184

Q192	建築物の解体に伴って、どのような有害な廃棄物が発生しますか？	185
Q193	地下水位以下の掘削工事で発生した掘削土を工事に有効利用するにはどのような点について考慮すればよいでしょうか？	188
Q194	アスベストの処理について注意することはなんですか？	189
Q195	自然由来の基準超過土壌は工場跡地の汚染土壌と同じ取扱いをしなければならないのですか？また汚染土壌の処理施設、受入施設はどのように探したらよいですか？	192

・都道府県の産業廃棄物行政担当部局一覧
・都道府県の建設リサイクル法担当部局一覧

本書で使用する法律の名称は、一部以下の通り省略して表記しています。
・廃棄物処理法………廃棄物の処理及び清掃に関する法律
　　　　　　　　（昭和45年12月25日　法律第137号）
・資源有効利用促進法…資源の有効な利用の促進に関する法律
　　　　　　　　（平成3年4月26日　法律第48号）
・建設リサイクル法……建設工事に係る資材の再資源化等に関する法律
　　　　　　　　（平成12年5月31日　法律第104号）

用語の解説

建設リサイクル法に関する主な用語の本書での定義は次のとおり。

用　語	用語の定義
建設資材	土木建築に関する工事（以下「建設工事」という）に使用する資材
建設資材廃棄物	建設資材が廃棄物処理法上の廃棄物となったもの
特定建設資材	コンクリート、木材その他建設資材のうち、建設資材廃棄物となった場合におけるその再資源化が資源の有効な利用及び廃棄物の減量を図る上で特に必要であり、かつ、その再資源化が経済性の面において制約が著しくないと認められるものとして政令で定めるもの ・コンクリート ・コンクリート及び鉄から成る建設資材 ・木材 ・アスファルト・コンクリート
特定建設資材廃棄物	特定建設資材が廃棄物処理法上の廃棄物となったもの
建築物	建築基準法第2条第1号で規定するもの 土地に定着する工作物のうち、屋根及び柱若しくは壁を有するもの（これに類する構造のものを含む）、これに附属する門若しくは塀、観覧のための工作物又は地下若しくは高架の工作物内に設ける事務所、店舗、興業場、倉庫その他これらに類する施設（鉄道及び軌道の線路敷地内の運転保安に関する施設並びに跨線橋、プラットホームの上屋、貯蔵槽その他これらに類する施設を除く）をいい、建築設備を含むものとする
建築物以外の工作物	道路・橋・トンネルなどのように土地等に定着する工作物で建築物以外のもの
解体工事業	建設業のうち建築物等を除却するための解体工事を請け負う営業（その請け負った解体工事を他の者に請け負わせて営むものを含む）をいう
解体工事業者	建設リサイクル法第21条第1項の登録を受けて解体工事業を営む者のこと
建築物の解体工事	建築物のうち、建築基準法施行令第1条第3号に定める構造耐力上主要な部分の全部又は一部を取り壊す工事をいう
建築物以外の工作物の解体工事	建築物以外の工作物の全部又は一部を取り壊す工事をいう
新築工事等	建築物等の新築その他の解体工事以外の建設工事をいう

用　語	用語の定義
建築物の修繕・模様替等工事	建築物に係る新築工事等であって新築又は増築の工事に該当しないものをいう
対象建設工事	特定建設資材を用いた建築物等に係る解体工事又はその施工に特定建設資材を使用する新築工事等であって、その規模が下表の基準以上のもの

対象建設工事の種類	規模の基準
建築物の解体工事	床面積の合計　　80m^2
建築物の新築・増築工事	床面積の合計　　500m^2
建築物の修繕・模様替等工事（リフォーム等）[※1]	請負代金の額[※3]　1億円
建築物以外の工作物の工事（土木工事等）[※2]	請負代金の額[※3]　500万円

用語	定義
分別解体等	①解体工事の場合、建築物等に用いられた建設資材に係る建設資材廃棄物をその種類ごとに分別しつつ当該工事を計画的に施工する行為 ②新築工事等の場合、当該工事に伴い副次的に生じる建設資材廃棄物をその種類ごとに分別しつつ当該工事を施工する行為
再資源化	分別解体等に伴って生じた建設資材廃棄物の運搬又は処分（再生することを含む）に該当するもので次に掲げる行為をいう ①資材又は原材料として利用すること（建設資材廃棄物をそのまま用いることを除く）ができる状態にすること ②燃焼の用に供することができるもの又はその可能性のあるものについて、熱を得ることに利用することができる状態にすること
指定建設資材廃棄物	特定建設資材廃棄物のうち政令で定める以下の廃棄物 ・木材が廃棄物となったもの（根株・伐採木は含まない）
縮減	焼却、脱水、圧縮、その他の方法により建設資材廃棄物の大きさを減ずる行為
床面積	建築基準法施行令第2条第1項第3号で規定する床面積
新築	更地に新たに建築物等を建てる工事
増築	同一敷地内において、既存建築物等の床面積を増加させる工事
改築	建築物等の全部又は一部を取り壊して、これと位置、用途、構造、規模等が従前の建築物等と著しく異ならない建築物等を建てる工事
修繕	同じ材料を用いて元の状態に戻し、建築当初の価値に回復させる工事
模様替	建築物等の材料、仕様を替えて建築当初の価値の低下を防ぐ工事

法令の略称について

本書で用いる法令の略称は以下のとおり。

廃棄物処理法：廃棄物の処理及び清掃に関する法律（昭和45年12

月 25 日法律第 137 号）

建設リサイクル法：建設工事に係る資材の再資源化等に関する法律（平成 12 年 5 月 31 日法律第 104 号）

資源有効利用促進法：資源の有効な利用の促進に関する法律（平成 3 年 4 月 26 日法律第 48 号）

建設廃棄物の現状

○建設廃棄物は、産業廃棄物全体の排出量の約2割、最終処分量の約3割を占めています。また、産業廃棄物の不法投棄量の約7割を建設廃棄物が占めています。このようなことから建設廃棄物のリサイクルの推進は重要な課題となっています。

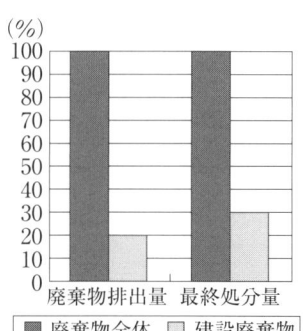

出典：環境省調査
図　産業廃棄物の排出量等

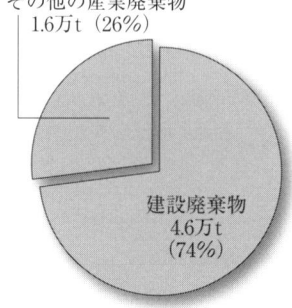

産業廃棄物の不法投棄量約6.2万tのうち約7割（約4.6万t）が建設廃棄物です。

出典：環境省調査
図　産業廃棄物の不法投棄量（平成22年度）

○建設廃棄物のリサイクル率の推移を品目別にみると、アスファルト・コンクリート塊、コンクリート塊はリサイクルが進んでいる一方、建設混合廃棄物は低迷しています。

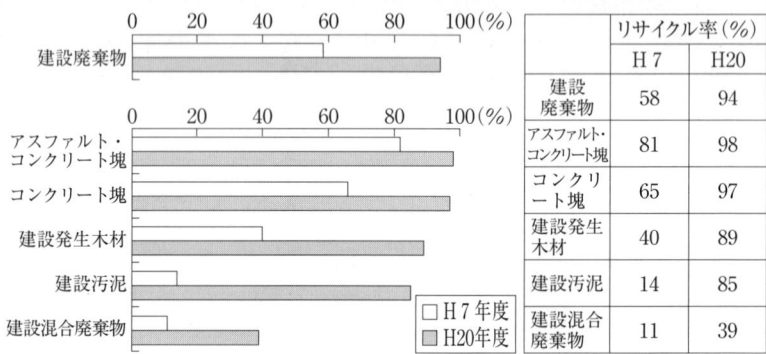

出典：平成20年度建設副産物実態調査
図　建設廃棄物のリサイクル率の推移

＊建設汚泥に係る事項
①建設汚泥の取扱い（建設廃棄物処理指針より）
・地下鉄工事等の建設工事に係る掘削工事に伴って排出されるもののうち、含水率が高く粒子が微細なものは、無機性汚泥（以下「建設汚泥」という。）として取り扱います。
・また、粒子が直径75マイクロメーターを超える粒子をおおむね95%以上含む掘削物にあっては、容易に水分を除去できるので、ずり分離等を行って泥状の状態ではなく流動性を呈さなくなったものであって、かつ、生活環境の保全上支障のないものは土砂として扱うことができます。
・泥状の状態とは、標準仕様ダンプトラックに山積みができず、また、その上を人が歩けない状態をいい、この状態を土の強度を示す指標でいえば、コーン指数がおおむね200kN／㎡以下又は一軸圧縮強さが50kN／㎡以下となります。
・しかし、掘削物を標準仕様ダンプトラック等に積み込んだ時には泥状を呈していない掘削物であっても、運搬中の練り返

> しにより泥状を呈するものもあるので、これらの掘削物は「汚泥」として取り扱う必要があります。なお、地山の掘削により生じる掘削物は土砂であり、土砂は廃棄物処理法の対象外となります。
> ・この土砂か汚泥かの判断は、掘削工事に伴って排出される時点で行うものとします。掘削工事から排出されるとは、水を利用し、地山を掘削する工法においては、発生した掘削物を元の土砂と水に分離する工程までを掘削工事としてとらえ、この一体となるシステムから排出される時点で判断することとなります。
> ② 「建設汚泥再生利用マニュアル」について
> ・建設汚泥に係る詳細については、「建設汚泥再生利用マニュアル（（独）土木研究所編著（大成出版社））」を参照してください。

> ○最終処分場については残余年数が全国で13.2年、首都圏においては4.4年分となっています。

表　最終処分場の残存容量及び残余年数(出典：環境省(H22年4月1日現在))

区　分	最終処分場（万t）	残存容量（万㎥）	残余年数（年）
首都圏	433	1,892	4.4
近畿圏	225	2,009	8.9
全　国	1,359	18,003	13.2

建設リサイクル法概要

1. 建築物等に係る分別解体等及び再資源化等の義務付け

○特定建設資材を用いた建築物等に係る解体工事又はその施工に特定建設資材を使用する新築工事等であって、一定規模以上の建設工事（対象建設工事）については、一定の施工基準に従って、①コンクリート、②コンクリート及び鉄から成る建設資材、③木材、④アスファルト・コンクリート（以上、特定建設資材）を現場で分別することが義務付けられています。
○分別解体をすることによって生じた上記の特定建設資材の廃棄物について、再資源化が義務付けられています。

① 対象建設工事

　特定建設資材を用いた建築物等に係る解体工事又はその施工に特定建設資材を使用する新築工事等で下表に示す規模の基準以上の工事。なお、都道府県の条例により対象建設工事の規模基準の引き下げ可能。

工事の種類	規模の基準
建築物解体	床面積の合計　80m²
建築物新築・増築	床面積の合計　500m²
建築物修繕・模様替等（リフォーム等）	請負代金　1億円
その他工作物に関する工事（土木工事等）	請負代金　500万円

② 分別解体等実施義務

　対象建設工事受注者に対して、分別解体等を義務付け。分別解体等に関する施工方法に関する基準（事前調査を含めた分別解体等の手順

と解体工事の作業手順等）に従い、建築物等に用いられた特定建設資材に係る廃棄物をその種類ごとに分別しつつ工事を計画的に施工。

③　再資源化等実施義務
　　対象建設工事受注者に対して、分別解体等に伴って生じた特定建設資材廃棄物の再資源化を義務付け。なお、木材については50km以内に再資源化施設がないなど、再資源化が困難な場合には、焼却等の縮減を実施。

2．分別解体等及び再資源化等の実施を確保するための措置

> ○発注者による工事の事前届出、元請業者から発注者への再資源化等完了報告、現場における標識の掲示などが義務付けられています。
> ○受注者への適正なコストの支払を確保するため、発注者・受注者間の契約手続が整備されています。

①受注者から発注者への説明（受注者（元請）の義務）
②契約＊　③事前届出　④変更命令　⑤告知・契約
⑥分別解体等、再資源化等の実施、技術管理者による施工の管理（建設業許可業者の場合は主任技術者又は監理技術者による施工の管理）、現場における標識の掲示（受注者全体（元請・下請とも）の義務）
⑦再資源化等の完了の確認及び発注者への報告（受注者（元請）の義務）

　　＊対象建設工事の契約書面においては、分別解体等の方法、解体工事に要する費用等を明記しなければなりません。

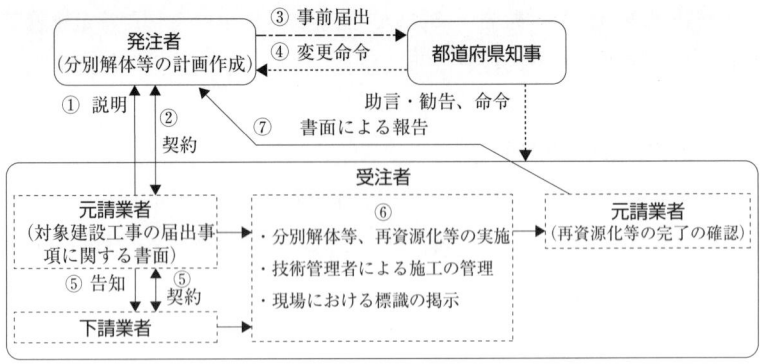

分別解体・再資源化の発注から実施への流れ

3．解体工事業者の登録制度

○適正な解体工事の実施を確保するために、解体工事業を営もうとする者の登録及び解体工事現場への技術管理者の配置等が義務付けられています。なお、土木工事業、建築工事業、とび・土工工事業の建設業許可業者は、解体工事業登録は不要です。

○解体工事業登録を受けた者が、土木工事業、建築工事業、とび・土工工事業の建設業許可を受けたときは、その登録の効力は失われます。

4．解体工事業者の登録制度の意義

平均的な解体工事の請負金額は30坪100万円であり、建設業許可が不要 ※500万円未満の建設工事のみを請け負う業者は建設業許可不要	技術力のない者、不良業者の参入が容易	○ミンチ解体等の不適正な施工 ○不法投棄等の恐れ	○都道府県知事による解体工事業者の登録 ○技術管理者の選任

xxviii

5．再資源化及び再生資材の利用促進のための措置等

> ○再資源化等の目標の設定、発注者に対する協力要請等により、再資源化及び再資源化で得られた建設資材の利用を促進しています。

① 基本方針における目標の設定等

基本方針において、再資源化等に関する目標や再生資材の利用の促進のための方策を策定しています。なお、基本方針には、廃棄物の発生抑制や資材の再利用についても明記しています。

② 対象建設工事の発注者に対する協力要請

対象建設工事の発注者等に対し、再資源化で得られた建設資材の利用について、都道府県知事等から協力を要請しています。

6．その他

① 罰則

分別解体等及び再資源化等に対する命令違反や、届出、登録等の手続きの不備等に関する所要の罰則規定を整備しています。

① Recycle

共通

法解釈

法解釈

Q001 建設リサイクル法と廃棄物処理法との関係はどのようになっていますか？

Answer.

廃棄物処理法（「廃棄物の処理及び清掃に関する法律」昭和45年12月25日公布）は、廃棄物の排出抑制及び適正処理により、生活環境の保全及び公衆衛生の向上を図ることを目的としており、廃棄物の処理に関する一般法として、廃棄物の適正な分別、保管、収集、運搬、再生、処分等の処理について規定しています。

これに対して建設リサイクル法は、特定の建設資材について、分別解体等及び再資源化等の促進等により、生活環境の保全及び国民経済の健全な発展に寄与することを目的とし、建設工事における分別解体等について規定しています。

建設工事においては建設リサイクル法と廃棄物処理法の規定が併せて適用されます。

Q002 建設リサイクル法と資源有効利用促進法との関係はどのようになっていますか？

Answer.

　資源有効利用促進法（「資源の有効な利用の促進に関する法律」平成3年4月26日公布）は、資源の有効利用を促進するために全業種に共通の制度的枠組みを提供するもので、その具体的な内容は、主務省庁で特定省資源業種を定め、再資源化を促進して副産物の発生抑制を促進するものです。

　一方、建設リサイクル法は、建設廃棄物という個別の廃棄物に着目し、そのリサイクルを促進するために建設工事の実態や建設業の産業特性を踏まえつつ、分別解体等及び再資源化等義務付けを含む具体的かつ強力な措置を講ずるものです。

　建設工事においては、建設リサイクル法と資源有効利用促進法の規定が併せて適用されます。

Q003

建設リサイクル法第39条には「各下請負人が…再資源化を適切に行う」とありますが、廃棄物処理法では元請業者が排出事業者として廃棄物の処理を行わなければならないのではないでしょうか？

Answer.

建設リサイクル法第39条は下請負人に対する元請業者の指導責任について規定されているものです。

廃棄物の処理は、廃棄物処理法に従って元請業者が行わなければなりません。

② Recycle

建設リサイクル法

定 義 | 関係者の責務 | 解体工事業 | 技術管理者 | 対象建設工事 | 届出・通知 | 事前説明 | 契 約 | 工事の施工 | 再資源化等実施義務 | 工事の完了

定義

Q004 「建設資材廃棄物」と「特定建設資材廃棄物」とはなんですか？

Answer.

「建設資材廃棄物」（建設リサイクル法第2条）とは、土木建築に関する工事において使用した資材が、一般廃棄物又は産業廃棄物の別に関わらず廃棄物となったものです。建設資材廃棄物のうち、建設業に係るものは産業廃棄物に分類されますが、請負契約によらないで建設工事を自ら施工する者（自主施工者）が排出する廃棄物は一般廃棄物に分類されます。

なお、土砂については、工事において使用する資材という意味で建設資材でありますが、土砂そのものは、一般に土地造成の材料等として使用されている有用物であるため、廃棄物処理法上の廃棄物ではなく、建設資材廃棄物には該当しません。（建設発生土については、「発生土利用基準について」（国土交通省平成18年8月10日）を参照）

「特定建設資材廃棄物」（建設リサイクル法第2条）とは、特定建設資材が廃棄物になったものをいいます。具体的には、別表の通り、特定建設資材ごとに分別すべき特定建設資材廃棄物が分別基準において規定されます。

（別表）

特定建設資材	特定建設資材廃棄物
コンクリート	コンクリート塊（コンクリートが廃棄物となったもの）
コンクリート及び鉄から成る建設資材	コンクリート塊
木材	建設発生木材（木材が廃棄物となったもの。根株・伐採木を除く）
アスファルト・コンクリート	アスファルト・コンクリート塊（アスファルト・コンクリートが廃棄物となったもの）

Q005 指定副産物と特定建設資材廃棄物の関係はどうなっていますか？

Answer.

資源有効利用促進法における指定副産物とは、副産物であって、その全部又は一部を再生資源として利用することを促進することが当該再生資源の有効な利用を図る上で特に必要なものとして政令で定める業種ごとに政令で定めるものをいいます。

建設業では、指定副産物に、建設発生土砂、コンクリート塊、アスファルト・コンクリート塊、木材が定められています。このうち、土砂以外のコンクリート塊、アスファルト・コンクリート塊、建設発生木材は、建設リサイクル法における特定建設資材廃棄物にも該当します。

建設副産物と再生資源、廃棄物との関係を下図に示します。

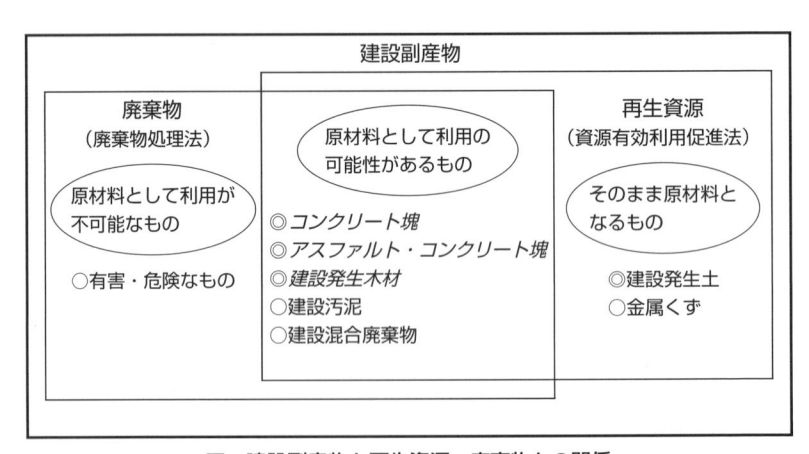

```
                      建設副産物
    廃棄物                              再生資源
  （廃棄物処理法）   原材料として利用の  （資源有効利用促進法）
                   可能性があるもの
  原材料として利用が                    そのまま原材料と
  不可能なもの     ◎ コンクリート塊      なるもの
                   ◎ アスファルト・コンクリート塊
  ○ 有害・危険なもの ◎ 建設発生木材      ◎ 建設発生土
                   ○ 建設汚泥           ○ 金属くず
                   ○ 建設混合廃棄物
```

図　建設副産物と再生資源、廃棄物との関係

◎は資源有効利用促進法の指定副産物
*斜体*は建設リサイクル法の特定建設資材廃棄物

Question 006

モルタルや木質ボードは特定建設資材となりますか？

Answer.

建設リサイクル法施行令第1条によると、特定建設資材は
① コンクリート
② コンクリート及び鉄から成る建設資材
③ 木材
④ アスファルト・コンクリート
の4品目です。

したがって、木質ボードは特定建設資材ですが、モルタルはちがいます。

Question 007

熱を得ることに利用することができる状態にするとは何を指すのでしょうか？

Answer.

木材やプラスチック系材料等を廃棄物の中から分別・破砕等して燃料用として供し易い状態にすることが想定されます。

熱源としては、
・廃棄物（バイオマス）発電での利用
・セメント工場で助燃材としての利用
・ボイラー燃料としての利用
などが考えられます。

Q008

分別解体等に係る施工方法に関する基準（規則第2条）のうち、「構造上その他の解体工事の施工の技術上これにより難い場合」とはどんな場合ですか？

Answer.

例えば、屋根が腐っていて登るのが危険な場合などが考えられます。

具体的には個々の事例に則して個別に判断が必要となりますので都道府県等の窓口に相談して下さい。

Q009

建設会社が自社ビルを請負契約によらず自ら新築・解体等する場合は、自主施工と考えてよいのですか？

Answer.

自主施工です。なお、自主施工者が施工する対象建設工事については分別解体等実施義務のみ課せられていますが、再資源化等義務についても可能な限り果たすよう努力することが必要です。なお、工事の一部を他社に請け負わせる場合は、自主施工には該当しません。

Q010 伐採木や梱包材、コンクリート型枠等は分別解体等・再資源化の対象となりますか？

Answer.

建設リサイクル法第2条第1項において、建設資材とは「土木建築に関する工事に使用する資材」と定義されており、伐採木、伐根材、梱包材等は建設資材ではないので、分別解体等・再資源化等の義務付けの対象とはなりません。

また、木製のコンクリート型材は特定建設資材ですが使用後リース会社に引き取られる場合は、建設資材廃棄物として排出されるものではなく、分別解体等・再資源化等の義務付け対象とはなりません。対象建設工事となる工事現場から直接廃棄物として排出される場合は、分別解体等・再資源化等が必要です。

なお、分別解体等・再資源化等の義務付け対象とならないものについても、廃棄物処理法の規定等に従って適正な処理が必要であることは勿論のことです。

Q011 特定建設資材にはどのような建設資材がありますか？

Answer.

特定建設資材に該当する建設資材の例は下表のようになります。再資源化できるか否かについては、産業廃棄物許可施設等に確認する必要があります。

特定建設資材に該当する具体的な資材

資材名	規格		特定建設資材名
PC版	JIS A 5372	○	コンクリート及び鉄からなる建設資材
無筋コンクリート・鉄筋コンクリート		○	コンクリート
コンクリート平板・U字溝等二次製品		○	コンクリート コンクリート及び鉄からなる建設資材
コンクリートブロック	JIS A 5406	○	コンクリート
コンクリート製インターロッキングブロック		○	コンクリート
間知ブロック		○	コンクリート
テラゾブロック	JIS A 5411	○	コンクリート
軽量コンクリート		○	コンクリート
セメント瓦	JIS A 5401	×	
モルタル		×	
ALC板	JIS A 5416	×	
窯業系サイディング（押し出し成形板）	JIS A 5422	×	
普通レンガ	JIS R 1250	×	
繊維強化セメント板（スレート）	JIS A 5430	×	
粘土瓦	JIS A 5208	×	
タイル		×	
再生砕石（RC-40、RM-40等）		×	
改質アスファルト舗装		○	アスファルト・コンクリート

アスファルト・ルーフィング		×	
木材		○	木材
合板	JAS	○	木材
パーティクルボード	JIS A 5908	○	木材
集成材（構造用集成材）	JAS	○	木材
繊維板（インシュレーションボード）	JIS A 5905	○	木材
繊維板（MDF）	JIS A 5905	○	木材
繊維板（ハードボード）	JIS A 5905	○	木材
竹		×	
樹脂混入木質材		×	
木質系セメント板	JIS A 5404	×	

○：特定建設資材
×：特定建設資材ではないもの

Q012

建築物等を新築する際に現場で使用せず持ち帰ったコンクリートも、分別解体等・再資源化等の対象となるのでしょうか？

Answer.

現場で使用しなかったコンクリートをコンクリート会社が持ち帰った場合は、特定建設資材にはなりませんが、対象建設工事となる工事現場で直接排出される場合には、特定建設資材として分別解体等・再資源化等が義務付けられます。

Q013

建設リサイクル法第9条第1項の「正当な理由」とはどんな場合ですか？

Answer.

「正当な理由」とは、次のような場合です。
・有害物で建築物が汚染されている場合
・災害で建築物が倒壊しそうな場合等、分別解体を実施することが危険な場合
・災害の緊急復旧工事（単なる災害復旧工事は除く）など緊急を要する場合
・ユニット型工法等、工事現場で解体せずともリサイクルされることが廃棄物処理法における広域認定制度により担保されている場合

などが該当すると考えられます。

具体的には個々の事例に則して個別に判断が必要となりますので、都道府県等の窓口に相談して下さい。

関係者の責務

Q014 建設リサイクル法において、国及び地方公共団体の役割はどうなっていますか？

Answer.

　国は、建設資材廃棄物の発生の抑制並びに分別解体等及び建設資材廃棄物の再資源化等を促進するために必要な調査、研究開発、情報提供、啓発普及、及び資金の確保に努めます。また、国は自らが発注者となる場合、建設資材廃棄物の排出抑制や、建設資材廃棄物の再資源化により得られた物の利用等を率先して実施していきます。さらに、税制優遇措置、政府系金融機関の融資等を積極的に活用することで、適正な分別解体等の確保、及び再資源化施設整備の促進等に係る施策を実施していきます。

　地方公共団体は、国の施策に即して必要な措置を講じると同時に、その地域の実情を十分に考慮した施策を実施していきます。

　なお、国及び地方公共団体の責務については、それぞれ建設リサイクル法第7条、第8条に示されています。

Question 015

建設リサイクル法において、発注者の役割はどうなっていますか？

Answer.

建設リサイクル法第6条（発注者の責務）において、『発注者は、その注文する建設工事について、分別解体等及び建設資材廃棄物の再資源化等に要する費用の適正な負担、建設資材廃棄物の再資源化により得られた建設資材の使用等により、分別解体等及び建設資材廃棄物の再資源化等の促進に努めなければならない。』とされています。

発注者の役割を、建築物の新築工事と解体工事に区分すると、次のようになります。

1）建築物等の新築工事における発注者の役割

① 発注した工事が対象建設工事の場合、「発注者」は都道府県知事に届出をしなければなりません。

② 廃棄物の排出抑制のため、「発注者」は、技術的、経済的に可能な範囲で、建築物等の長期間使用に配慮した建設に努めることが必要です。また、建設工事に伴って発生する建設資材について、再使用・再利用に配慮することも必要です。

③ 再資源化の促進のため、「発注者」は建築物の新築工事等において建設資材廃棄物の再資源化により得られた建設資材をできる限り選択するよう努めることが必要です。なお、国等の公共機関が発注者となった場合、公共工事等では率先して再資源化を促進することとしています。

2）建築物等の解体工事における発注者の役割

① 発注した工事が対象建設工事の場合、「発注者」は都道府県知事に届出をしなければなりません。

② 発注者は、分別解体等及び建設資材廃棄物の再資源化等が適正に実施されるよう、当該費用を適正に負担します。

③ 建築物等に係る解体工事等の施工に先立ち、建築物内の家具や家電製品などの残存物品は、事前調査の段階で受注者はこれらの物品の有無を調査することになっています。発注者は受注者からそれらの物品に対して報告を受けた場合は、排出者として適切に処分する必要があります。

Q016 建設リサイクル法において、建設業者（受注者）の役割はどうなっていますか？

Answer.

建設リサイクル法第5条（建設業を営む者の責務）において、『建設業を営む者は、建築物等の設計及びこれに用いる建設資材の選択、建設工事の施工方法等を工夫することにより、建設資材廃棄物の発生を抑制するとともに、分別解体等及び建設資材廃棄物の再資源化等に要する費用を低減するよう努めなければならない。また、建設資材廃棄物の再資源化により得られた建設資材を使用するよう努めなければならない。』とされています。

これは、元請業者、下請業者、孫請業者に至る全ての建設業を営む者に係る責務となっています。

建設工事を営む者の役割を、建築物の新築工事、解体工事に区分すると次のようになります。なお、下記において「　」で示す主体のうち、「元請業者」以外のものは、下請業者、孫請業者等も含んでいます。

1）建築物等の新築工事における建設業者の役割

① 受注した工事が対象建設工事である場合、「元請業者」は届出に係る事項を発注者に説明しなければなりません。また、「元請業者」は当該工事の全部又は一部を下請業者へ委託する場合、当該下請業者に対し、届出に係る事項を説明しなければなりません。この際、適正な施工が確保されるよう、「元請業者」は下請業者に施工手法等に係る指導に努めなければなりません。さらに、受注者間において建設業法に基づく適正な請負契約が必要となります。

② 廃棄物の排出抑制のため、「建設業者」は、端材の発生が抑制さ

れる施工方法の採用及び建設資材の選択に努めるほか、端材の発生抑制、再使用できる物を再使用できる状態にする施工方法の採用及び耐久性の高い建築物等の建築等に努める必要があります。特に、使用済コンクリート型枠の再使用に努めることが必要です。

③　再資源化により得られたものの利用の促進のため、「建設業者」は、建設資材廃棄物の再資源化により得られた建設資材をできる限り利用するよう努める必要があります。また、これを利用することについての発注者の理解を得るよう努める必要があります。

④　「対象建設工事の受注者」は、新築工事に伴って生じた特定建設資材廃棄物について、再資源化をしなければなりません。

⑤　「対象建設工事の元請業者」は、工事に係る特定建設資材廃棄物の再資源化が完了したことを工事発注者に書面で報告しなければならないと同時に、実施状況の記録を作成して保存しなければなりません。書面に記載すべき事項を電子情報処理組織を使用した方法でも可能です。

⑥　「建設業者」は、フロン類、石綿を含有する建設資材及びCCA処理木材等の処理にあたっては、廃棄物処理法、大気汚染防止法、ダイオキシン類対策特別措置法、労働安全衛生法等の関係法令を遵守し、適正な処理を実施しなければなりません。

2）建築物等の解体工事における建設業者の役割

①　「解体工事業を営もうとする者」のうち、建設業許可（土木工事業、建築工事業、とび・土工工事業）を有しない者は、解体工事業者の登録が必要となります。

② 受注しようとする工事が対象建設工事である場合、「元請業者」は届出に係る事項を発注者に説明しなければなりません。また、「元請業者」は当該工事の全部又は一部を下請業者へ委託する場合、当該下請業者に対し、届出に係る事項を説明しなければなりません。この際、適正な分別解体等及び再資源化等が実施されるよう、「元請業者」は下請業者に施工手法等に係る指導に努めなければなりません。さらに、受注者間において建設業法に基づくものの他、分別解体等の方法及び解体工事に要する費用等主務省令で定める事項について、適正な請負契約が必要となります。
③ 「対象建設工事の受注者」は、分別解体等に伴って生じた特定建設資材廃棄物について、再資源化をしなければなりません。
④ 「対象建設工事の元請業者」は、当該工事に係る特定建設資材廃棄物の再資源化が完了した旨を当該工事の発注者に報告しなければなりません。
⑤ 「建設業者」は、フロン類、石綿を含有する建設資材及びCCA処理木材等の処理にあたっては、廃棄物処理法、大気汚染防止法、ダイオキシン類対策特別措置法、労働安全衛生法等の関係法令を遵守し、適正な処理を実施しなければなりません。

Q017

建設リサイクル法において、建設資材廃棄物の処理業者（廃棄物処理業者）の役割はどうなっていますか？

Answer.

建設資材廃棄物の処理を行う者は、建設資材廃棄物の再資源化等を適正に実施しなければなりません。また、再資源化により得られた物の利用の促進をはかるため、建設資材廃棄物の再資源化により得られた資材の品質の安定性及び安全性の確保に努める必要があります。さらに、有害物質発生抑制の観点から、石綿を含有する建設資材及びCCA処理木材等の処理にあたっては、廃棄物処理法、大気汚染防止法、ダイオキシン類対策特別措置法、労働安全衛生法等の関係法令を遵守し、適正な処理を実施しなければなりません。

なお、廃棄物処理法により、排出事業者及び運搬業者に、さらには最終処分業者からのマニフェストを所定の期日までに送付、受領し、保管しなければなりません。

Q018

請負契約ではなく委託契約で解体工事を発注した場合は、分別解体等の義務は免除されますか？

Answer.

契約形態の如何を問わず、建設工事の完成を請け負う工事で対象建設工事の基準を満たす工事については、全て対象となるため、免除されません。

Q019 Question

解体工事と新築工事を発注者が別々の業者と契約した場合、対象建設工事に該当するかどうかは、どのように判断するのですか？

Answer.

　発注者が明確に解体工事と新築工事とを分けて発注・契約した場合、それぞれの工事は別々の工事となります。

　対象建設工事であるか否かについては、建築物等の解体工事、新築工事等の別に対象建設工事となる一定規模が定められているため、それぞれの工事で適用される規模であるかどうかで対象建設工事であるかどうかが判断されます。

　例えば、解体工事が対象建設工事で新築工事が対象建設工事でない場合、分別解体等の義務等が課せられるのは解体工事のみとなります。

Q020

元請業者は、下請、二次下請業者にどのようなことを指導すればよいですか？

Answer.

建設工事は元請と下請を含めた受注者全体による共同作業ですから、再資源化等の適切な実施を図るためには、建設資材廃棄物の収集運搬業者等への引渡しを、いつ、誰が、どのように行うかなど、再資源化等に必要な行為のマネジメントが適切に行われる必要があります。

現行では、この再資源化等に関するマネジメントは、廃棄物処理法上の排出事業者として廃棄物の適正処理の責任を負う元請業者に一元化され、建設リサイクル法第39条（下請負人の指導）では、再資源化等の実施が確実かつ円滑に行われるよう、このマネジメントに関する元請業者の役割を明確に規定しています。

元請業者に係る「下請負人の指導」（法第39条）には、次のように示されています。

「対象建設工事の元請業者は、各下請負人が自ら施工する建設工事の施工に伴って生じる特定建設資材廃棄物の再資源化等を適切に行うよう、当該対象建設工事における各下請負人の施工の分担関係に応じて、各下請負人の指導に努めなければならない。」としています。

下請負人の指導については、具体的には、分別解体の施工方法の指導、建設資材廃棄物の処理に関する指導、その他関係法令等に従った処理等に関する指導等が行われることとなります。

また、本法第39条と同様の考えに立ち、法第12条第2項では、対象建設工事の元請業者から下請業者に対し、都道府県知事への届出事項を告げる義務に係る事項を示しています。

解体工事業

Q021 解体工事業者はどのような解体工事を請け負うことができるのですか？

Answer.

解体工事業者が請け負うことのできる解体工事の内容は以下の通りです。

解体工事の種類	解体工事業者が請け負うことのできる解体工事の範囲
工作物の解体を行う工事	工事全体の請負代金の額が500万円未満の工事
総合的な企画、指導、調整が必要な土木工作物を建設する工事の中に解体工事が含まれる工事	
総合的な企画、指導、調整が必要な土木工作物を解体する工事	
総合的な企画、指導、調整が必要な建築物を建設する工事の中に解体工事が含まれる工事	工事全体の請負代金の額が1,500万円未満の建築物の建設工事又は延べ面積が150m²未満の木造住宅建設工事
総合的な企画、指導、調整が必要な建築物を解体する工事	工事全体の請負代金の額が1,500万円未満の建築物の解体工事又は延べ面積が150m²未満の木造住宅解体工事

建設リサイクル法第21条

「解体工事業を営もうとする者（建設業法別表第1の下欄に掲げる土木工事業、建築工事業又はとび・土工工事業に係る同法第3条第1項の許可を受けた者を除く。）は、当該業を行おうとする区域を管轄する都道府県知事の登録を受けなければならない。」

Q022 解体工事業の登録では、その登録申請事項及び登録対象業者はどのようになりますか？

Answer.

建設リサイクル法の特徴の一つに、解体工事業者の登録制度があります。法第21条から第37条にわたって詳細に記述されていますのでその内容を以下にまとめます。

1）登録について（法第21条）

解体工事業を営もうとするもの（土木工事業、建築工事業、とび、土工工事業の建設業許可を受けた者を除く）は、都道府県知事の登録を受けなければなりません。

5年ごとに更新

2）登録申請事項（法第22条第1項）

① 登録申請者の商号、名称又は氏名及び住所
② 登録申請者の営業所の名称及び所在地
③ 登録申請者が法人である場合においては、その役員（業務を執行する社員、取締役又はこれらに準ずる者）の氏名
④ 登録申請者が未成年者である場合においては、その法定代理人の氏名及び住所（法定代理人が法人である場合においては、その商号又は名称及び住所並びにその役員の氏名）
⑤ 登録申請者が選任している、解体工事の施工の技術上の管理をつかさどる者で主務省令で定める基準に適合するもの（技術管理者）の氏名

　これらの事項は、登録申請者の営業の実態（①～④）及び技術力（⑤）を把握する上で必要最低限の事項となっています。

③で「業務を執行する社員」とは合名会社の社員又は合資会社の無限責任社員を、「取締役」とは株式会社又は有限会社の取締役を、「これらに準ずる者」とは法人格のある各種組合等の理事等をいいます。

　⑤の技術管理者の氏名については、解体工事業者の技術力の確保が本登録制度創設の中心であり、技術管理者の有無を登録の要件とすることから、特に申請書において記載することを求めるものです。

　法第22条第2項は、登録申請書と併せて提出すべき添付書類を定めています。この添付書類は、登録申請者の登録拒否事由への該当の有無を適確に審査する上で必要となるものです。また、「その他主務省令で定める書類」として次の事項を添付することとしています。

- 登録申請者が登録拒否事由に該当しないことを誓約する書面
- 技術管理者が主務省令で定める要件を備えた者であることを証する書面
- 登記簿謄本
- 登録申請者・役員の略歴書
- 登録申請者・役員の住民票の抄本又はこれに代わる書面
- 技術管理者の住民票の抄本又はこれに代わる書面

＊「解体工事業」とは、建設業のうち建築物等を除却するための解体工事を請け負う営業をいいます。例えば、建築物について、構造耐力上主要な部分等を解体することを営業とするものです。構造耐力上主要な部分等の解体を伴わない工事について

は、建設廃棄物の発生状況等の相違から、維持修繕工事等として、その特性に応じた対応をすることが考えられます。建築物等の除却を伴わない電気工事、設備工事、維持修繕工事、舗装工事等の工事を行う事業は含まれません。

登録した都道府県以外で解体工事を施工する場合は、その都道府県において解体工事業の登録が必要となります。

以下に、申請時に必要な書類の様式を示します。

別記様式第1号（第3条関係）

(A4)

表面

解体工事業登録申請書

証紙はり付け欄
（消印してはならない。）

登録の種類	新規・更新	※登録番号	
		※登録年月日	年　　月　　日

この申請書により、解体工事業の登録の申請をします。

　　　　　　　　　　　　　　　　　　　　　　　年　　月　　日

　　　　　　　　　　　　申請者　　　　　　　　　　　印

　　　知事　殿

フリガナ 商号、名称又は氏名	
住所	郵便番号（　　－　　） 　　　　　　　　　　　　電話番号（　）－
法人である場合の フリガナ 代表者の氏名	

法人である場合の役員（業務を執行する社員、取締役又はこれらに準ずる者）の氏名及び役名

フリガナ 氏　名	役職（常勤・非常勤）	フリガナ 氏　名	役職（常勤・非常勤）

申請時において既に受けている登録	

(A4)

裏面

法第31条に規定する者（技術管理者）の氏名	
営業所の名称及び所在地	
フリガナ 名　　称	所　在　地 郵便番号（　　－　　） 電話番号（　）　－

未成年者である場合の法定代理人	法定代理人が個人である場合	フリガナ 氏　名	
		住　所	郵便番号（　　－　　） 電話番号（　）　－
	法定代理人が法人である場合	フリガナ 商号又は名称	
		住　所	郵便番号（　　－　　） 電話番号（　）　－
		フリガナ 役員の氏名	役職（常勤・非常勤）

他の都道府県知事の登録状況	
登　録　番　号	登　録　番　号

備　考
1　※印のある欄には、記入しないこと。
2　「新規・更新」については不要なものを消すこと。
3　「営業所の名称及び所在地」の欄には、登録を受けようとする都道府県の営業所だけでなくすべての営業所について記載すること。

別記様式第2号（第4条関係）

(A4)

誓　約　書

登録申請者及びその役員並びに法定代理人及び法定代理人の役員は、建設工事に係る資材の再資源化等に関する法律第24条第1項各号に該当しない者であることを誓約します。

年　月　日

申請者　　　　　　　　　　印

千葉県知事　　　　　様

別記様式第3号（第4条関係）

(A4)

実　務　経　験　証　明　書

下記の者は、解体工事に関し、下記の通り実務経験を有することに相違ないことを証明します。

平成　年　月　日
証明者　　　　　　印

技術管理者の氏名		生年月日		使用された期間	年　月から
使用者の商号又は名称					年　月まで
職　名	実　務　経　験　の　内　容				実務経験年数
					年　月から　年　月まで
					年　月から　年　月まで
					年　月から　年　月まで
					年　月から　年　月まで
					年　月から　年　月まで
					年　月から　年　月まで
					年　月から　年　月まで
					年　月から　年　月まで
使用者の証明を得ることができない場合	その理由			合計　満　　　年　　月	
				証明者と被証明者との関係	

記載要領
1　この証明書は、被証明者1人について、証明者別に作成すること。
2　「実務経験の内容」の欄には、従事した主な工事名、解体した建築物等の構造等を具体的に記載すること。

別記様式第 4 号（第 4 条関係）

(A4)

登録申請者 ⎛法 人 の 役 員⎞ の略歴書
　　　　　　⎜本　　　　　人⎟
　　　　　　⎜法 定 代 理 人⎟
　　　　　　⎝法定代理人の役員⎠

現住所	郵便番号（　－　）		電話番号（　）－
商号、名称又は氏名	フリガナ	生年月日	

略歴	期　間 自　年月日 至　年月日	職　務　内　容　又　は　業　務　内　容

賞罰	年　月　日	賞　罰　の　内　容

上記のとおり相違ありません。

　　　　　年　月　日

　　　　　　　　　　　　　　　　　　氏　名　　　　　　印

備考
1　⎛法 人 の 役 員⎞については、不要のものを消すこと。
　 ⎜本　　　　　人⎟
　 ⎜法 定 代 理 人⎟
　 ⎝法定代理人の役員⎠
2　「生年月日」の欄は、登録申請者が法人である場合は記載しないこと。
3　「賞罰」の欄には、行政処分等についても記載すること。

Q023 Question

小規模な解体工事のみを請け負う場合でも解体工事業の登録が必要ですか？

Answer.

業として解体工事を行うのであれば、登録が必要です。

対象建設工事の規模基準（例えば解体工事の場合、床面積の合計80m²など）と解体工事業登録は関係ありません。

Q024 Question

仮設工事、はつり工事を行う二次、三次の下請業者も解体工事業の登録が必要ですか？

Answer.

解体工事を受注する場合には、元請・下請にかかわらず、解体工事業の登録又は一定の種別の建設業の許可を受けていなければなりません。

仮設工事は解体工事に該当しないので登録は不要です。

また、他の工事の実施に伴う附帯工事としてのはつり工事であれば登録は必要ありません。

Q025

解体工事については下請が施工し、元請は施工しない場合でも、元請は解体工事業者の登録は必要ですか？

Answer.

解体工事（あるいは解体工事を含む工事）を受注する場合、元請・下請にかかわらず、また解体工事に係る部分を実際に施工するかどうかにかかわらず、土木、建築、とび・土工工事業の建設業許可か解体工事業者の登録が必要です。

Q026

附帯工事として解体工事（例えば、水道施設工事に伴う道路舗装の打替え等）を行う場合は、解体工事業者の登録をしてなくてもよいのですか？

Answer.

附帯工事として解体工事を行う場合は、解体工事業者の登録は不要です。ただし、建設業法第26条の２第２項の規定を遵守する必要があります。

また、建設リサイクル法第９条第３項で定める規模以上の工事の場合は、分別解体等を行わなければなりません。

（注）建設業法第26条の２第２項：当項目は、許可を受けようとする建設工事に該当する技術又は技能を有し、国土交通大臣が認定した者等の設置に関する規定

Q027 登録業者の情報公開はどのように実施されますか？

Answer.

　建設リサイクル法第26条で、「都道府県知事は、解体工事業者登録簿を一般の閲覧に供しなければならない。」とあります。

　建設リサイクル法において解体工事業者の登録制度を設ける趣旨は、解体工事業者の資質・技術力についてその最低限の資質を確保することで、分別解体をはじめとする解体工事の適正な実施を確保していくことにあります。

　したがって、このような登録制度の趣旨からは、登録業者に関する情報を広く提供していくことで、発注者や元請業者等による登録業者の選定を容易にし、再資源化等の前提となる分別解体の円滑かつ適正な実施を図っていくことが重要です。

　そのため、登録事務を行う都道府県知事が解体工事業者登録の閲覧制度を設けることとなっています。

　建設リサイクル法では、閲覧制度の詳細は定めていないので、各都道府県で異なっていますが、一般的には、下のような流れにより閲覧がなされています。

1）登録申請の受理
・都道府県知事は、解体工事業者に関する情報を入手する。

2）解体工事業登録簿への登録
・都道府県知事は、登録を拒否する場合を除くほか、1）の情報並びに登録年月日及び登録番号を解体工事業者登録簿に登録（併せて申請者に通知）する。

・変更届出により、登録簿の情報は常に実態に合わせて更新する。
・建設業許可の取得を受けた通知又は廃業の届出を受けた場合及び有効期間の満了により登録の効力を失った場合又は登録を取り消した場合は、当該解体工事業者の登録を抹消し、登録簿を閲覧から外す。

3）閲覧の実施

・都道府県知事は、登録簿の閲覧所を設置するとともに、閲覧規則を定め、告示する。
・都道府県知事は、閲覧をしようとする者の請求に対し、閲覧をさせる。

解体工事業者登録簿

別記様式第5号（第5条関係）

(A4)

(A4)

裏面

法第31条に規定する者（技術管理者）の氏名	

営業所の名称及び所在地	
フリガナ 名　　称	所　在　地 郵便番号（　　－　　） 電話番号（　）　－

技術管理者

Q028 建設リサイクル法第31条で設置が義務付けられている技術管理者とはなんですか？

Answer.

建設リサイクル法第31条で、解体工事業者は解体工事における適正な施工を確保するため、分別解体等の指導・監督に必要な能力を持った技術管理者を選任しなければならないことが義務付けられています。

この技術管理者には、一定の実務経験を有する者、技術検定などに合格した者、国土交通大臣の登録を受けた試験に合格した者等が該当します。（解体工事業に係る登録等に関する省令第7条）

また、この実務経験については、分別解体等の施工技術・施工管理、建設廃棄物対策、関係法令等に関することなどを内容とする講習（国土交通大臣が実施する講習又は国土交通大臣の登録を受けた講習）を受講することで、1年に相当するものとして必要な経験年数を軽減する措置が講じられています。

なお、技術管理者の職務内容は、次の通りです。

- 技術管理者は、請け負った解体工事を施工するとき、この施工に従事する技術管理者以外の者の監督をしなければならないこととされています。
- 具体的には、分別解体の施工方法の指導・監督、機械操作等に関する指導・監督、建設廃棄物の処理に関する指導・監督、その他関係法令等に従った処理等に関する指導・監督を行うことがその職務となっています。

解体工事業に係る登録等に関する省令第7条に定める基準

1）実務経験者

学歴＼実務経験年数	解体工事業登録	国土交通大臣登録講習受講者	建設業許可
一定の学科を履修した大学・高専卒業者	2年	1年	3年
一定の学科を履修した高校・中等教育学校卒業者	4年	3年	5年
上記以外	8年	7年	10年

2）有資格者

資格・試験名	種別
建設業法による技術検定	一級建設機械施工技士
	二級建設機械施工技士（第一種、第二種）
	一級土木施工管理技士
	二級土木施工管理技士（土木）
	一級建築施工管理技士
	二級建築施工管理技士（建築、躯体）
技術士法による第二次試験	技術士（建設部門）
建築士法による建築士	一級建築士
	二級建築士
職業能力開発促進法による技能検定	一級とび・とび工
	二級とび＋解体工事経験1年
	二級とび工＋解体工事経験1年
国土交通大臣の登録を受けた試験	

Q029 技術管理者は兼任でもよいのですか？

Answer.

建設リサイクル法第31条に、「解体工事業者は、工事現場における解体工事の施工の技術上の管理をつかさどる者で主務省令で定める基準に適合するものを選任しなければならない」とあります。さらに、次の第32条に、技術管理者の職務として「施工に従事する他の者の監督をさせなければならない」とあり、監督業務が可能であれば複数であっても問題はありません。特に１現場１技術管理者の設置を義務付けていません。

なお、技術管理者を複数で兼任する場合は、解体工事業の登録申請時にその全ての者を技術管理者として申請しておく必要があります。

建設リサイクル法第31条の「主務省令で定める基準」はQ028を参照して下さい。（解体工事業に係る登録等に関する省令第7条）

Q030

技術管理者は元請業者だけ設置すればよいのですか？

Answer.

解体工事業者は、解体工事を施工する際は、元請業者又は下請負人のいずれであっても技術管理者を選任しなければなりません。

Q031

一つの解体工事業者に技術管理者が複数いる場合は、全てを申請する必要があるのですか？

Answer.

　解体工事を施工する際の届出書への記載は、実際に担当する技術者１名でかまいません。

　建設リサイクル法第10条第１項（対象建設工事の届出等）の規定による届出は、特定建設資材に係る分別解体等に関する省令第２条の様式第１号の記載をもってすることになります。その中には、解体工事業者の技術管理者は１名記載する箇所があります。もちろん、全員を記載しても問題はありません。

　複数の技術管理者がその現場を兼任する場合は、兼任する全ての技術管理者を記載します。

　なお、届出書に複数名の技術管理者を記載する場合は、解体工事の現場ごとに掲げる標識にあっては、届け出た全ての技術管理者の氏名を掲載して下さい。

対象建設工事

Q032
わずかしか特定建設資材廃棄物が発生しないような工事も対象となりますか？

Answer.

建設リサイクル法第9条の規定から、特定建設資材を用いた建築物等に係る解体工事又はその施工に特定建設資材を使用する新築工事等であって、施行令第2条に規定するその規模が建設工事の規模に関する基準以上のものであれば、特定建設資材廃棄物の発生量にかかわらず対象建設工事となります。

Q033
対象建設工事の規模の確認について、延べ床面積の確認申請書がない場合、登記簿面積でよいですか？

Answer.

対象建設工事の規模の確認手法については、確認申請書等から当該建築物の規模を確認することになると考えられます。

ただし、当質問のように「確認申請書がない」ということは、建築基準法が施行される以前の建築物であり、極めて稀なケースと思われますが、その場合は登記簿面積、実測値等、判断可能なものによる確認が必要と考えられます。

Q034

建築物本体は既に解体されており、建築物の基礎・基礎杭のみを解体する場合は対象建設工事となるのですか？

Answer.

　建築物の本体が既に解体され相当の期間が経過した後に、基礎・基礎杭のみを解体する工事が発注された場合、基礎・基礎杭は建築物以外の工作物として扱われ、特定建設資材を用いた基礎・基礎杭に係る解体工事として請負金額が500万円以上であれば対象建設工事となります。

　これは、既に建築物本体が解体されている場合には、基礎・基礎杭のみでは建築物とはいえないため、このような取扱いとなります。基礎・基礎杭のみの解体工事を行う場合においても、建築物本体の解体工事と連続してあるいは短期間のうちに分離発注によって施工する場合には、基礎・基礎杭についても建築物として取り扱い、直上の階の床面積が80m^{2}以上であり、かつ特定建設資材を用いた基礎・基礎杭であれば一括として取り扱って、対象建設工事となります。

Q035 建築物以外の工作物とは何を指すのですか？

Answer.

　土木工作物、木材の加工又は取付けによる工作物、コンクリートによる工作物、石材の加工又は積方による工作物、れんが・コンクリートブロック等による工作物、形鋼・鋼板等の加工又は組み立てによる工作物、機械器具の組立て等による工作物及びこれらに準ずるものなどが該当します。

Q036 建築設備単独工事が対象建設工事となるのかどうかはどう判断すればよいのですか？

Answer.

　建築設備単独の工事については、建築物として扱うものの建築基準法でいう構造耐力上主要な部分にあてはまらないため、全て修繕・模様替等工事とみなされますが、請負金額が1億円以上であれば対象建設工事となります。
　ただし、建築物本体と建築設備の新築工事又は解体工事を一つの工事として発注する場合は、建築物本体が対象建設工事であれば建築設備に係る部分についても新築工事又は解体工事として対象建設工事になるので注意が必要です。

Q037

複数の工種(建築物解体、建築物新築・増築、建築物修繕・模様替等、土木工事等)にまたがる工事の場合、どのように対象建設工事を判断するのですか?

Answer.

　1本の契約中に複数の工種が含まれている場合、それぞれの工種ごとに対象建設工事かどうかを判断します。

　ただし、建築物の修繕・模様替等工事は、新築工事又は解体工事と同一契約で行う場合は、修繕・模様替工事の部分も含めて工事全体を新築又は解体工事として扱うことができます。

Q038

建設工事の規模に関する基準のうち、請負金額で規模が定められている工事で、発注者が材料を支給し、施工者とは設置手間のみの契約を締結した場合、請負金額をどのように判断すればよいのですか?

Answer.

　建設業法施行令第1条の2第3項に準じ、発注者が支給する材料の金額(市場価格等)を請負金額に加算した金額で対象建設工事であるかどうかを判断することとなっています。

Q039

造成工事等で、擁壁の築造が幾つもの場所に分かれて築造される場合は、一連の単位で届出対象とするのですか、全体で判断するのですか？

Answer.

同じ工種で契約が1本であれば、1契約1届出とするのが常識的です。分割契約していても連続した工事であれば一括工事としてみなされる場合があるので、この場合も届出は1回でも可能と判断されます。

造成工事等で、発注者も受注者も同じ場合は、以下の通りです。

工事箇所	契約	判断基準
別の工事箇所	同一契約	1箇所あたりの工事ごとに対象建設工事であるかどうかで判断
	別契約	
同一工事箇所	同一契約	全体の工事規模で判断
	別契約	施行令第2条第2項ただし書きの正当な理由に該当するかどうかで判断

なお、建築物以外の工作物の工事で同一路線上において複数の箇所の工事を行う場合（道路工事等）は、一連の工事単位ごとに判断します。

Q040 uestion
対象建設工事に当てはまらない小規模工事については、特に分別解体等を実施しなくてもよろしいのですか？

Answer.
　対象建設工事の基準にあてはまらない時は、分別解体等の義務はありません。しかし、そのような工事も可能な範囲で分別解体等を推進していくことが望まれます

Q041 uestion
建設資材を材木工場等でプレカットする場合も分別解体等・再資源化等の対象となりますか？

Answer.
　「材木工場等」は、建設リサイクル法にいう「対象建設工事」ではないので、ここでプレカットしても法でいう発生抑制・再資源化等の義務付け対象とはなりません。しかし、「材木工場等」は製造業に属すために、廃棄物処理法の規制に従って、同様に発生抑制等の資源有効利用などの促進に努めることが求められます。

Q042

特定建設資材廃棄物が全く出ませんが対象建設工事になりますか？

Answer.

特定建設資材廃棄物が出るかどうかは、対象建設工事であるかどうかの判断要件ではありません。

特定建設資材を使用し、建設リサイクル法施行令第2条で定める規模の基準以上に該当する工事であれば特定建設資材廃棄物が全く出ない工事でも対象建設工事となり、届出が必要です。

Q043

建設工事の規模に関する基準のうち、請負金額で規模が定められているもの（建築物以外の工作物の工事、建築物の修繕・模様替等工事）は税込、税抜きのどちらですか？

Answer.

請負代金の額には消費税を含みます。

Q044 Question
単価契約で工事を実施する場合は対象建設工事となりますか？

Answer.
　単価契約による工事については、工事を実施する度に、一箇所で行う工事あるいは一連の道路上などで行う工事の規模が建設リサイクル法施行令第2条の建設工事の規模に関する基準以上であれば、対象建設工事となります。

Q045 Question
マンション外壁の塗装工事を請け負う場合に、その請負金額が1億円を超える場合は、修繕・模様替等工事として届出は必要ですか？

Answer.
　マンション外壁塗装工事は建築物の修繕・模様替等の工事種類に該当し、請負金額が1億円以上のため建設リサイクル法施行令第2条で定める規模に関する基準にも該当しますが、対象建設工事に該当するかどうかは特定建設資材の使用も条件の一つとなります。質問のケースでは、外壁塗装工事において特定建設資材を使用していなければ、届出は必要ありません。

Q046 同一箇所で床面積50m²と35m²の建築物を別契約により解体する場合、届出は必要ですか？

Answer.

発注者が同一の受注者と2以上の契約に分割して発注する場合、特定建設資材を用いた建築物の解体工事は床面積の合計が80m²以上で判断しますので届出は必要となります。

届出・通知

Q047
届出は工事着手の7日前までとありますが、工事着手とはどのような時点をさすのですか？

Answer.

実際に現場で新築・解体等の工事を始める日（新築・解体等の工事のための仮設が必要な場合は仮設工事を始める日）です。現場での除草などの準備工事については、工事着手に含まなくてもよく、また、工事着手の日は契約書に記載されている工期どおりでなくても差し支えありません。

Q048
建設リサイクル法第13条及び第18条にある、情報通信の技術を利用できるのは、手続のうちどれですか？

Answer.

建設リサイクル法第13条の契約書面及び法第18条の完了報告について、情報通信の技術を利用することができます。その他の行政機関等に係る届出等については、届出等をしようとする窓口に相談して下さい。

Q049 届出や通知は代理人が行ってもよいですか？

Answer.

行政書士は代行・代理を業として行うことができます。また建築士は建築物についての代行・代理を業として行うことができます。

なお、上記に該当しない受注者等は、業として行わないのであれば、代理、代行を行うことは可能です。

Q050 通知は公文書で行う必要がありますか？

Answer.

「国の機関又は地方公共団体」として通知するものですから、公文書として押印のうえ公文書での通知が必要です（ただし、地方公共団体の規則などで押印が省略できる場合は省略することができます）。

Q051

発注者は解体工事の事前届出を都道府県知事に提出しなければなりませんが、事前届出から再資源化の完了まで、発注者と元請業者が行う事項とその手順はどのようになりますか？

Answer.

概ねの手順は次の通りです。

① 事前調査の実施：発注者から直接工事を請け負おうとする元請業者は、残存物品や分別解体等の施工方法などの事前調査を実施し、分別解体等の計画等を作成します。

② 発注者への事前説明：対象建設工事の元請業者は、発注者に対して、分別解体等の計画等について書面を交付して説明します。

③ 請負契約の締結：元請業者と発注者は建設業法第19条第1項に定めるもののほか、分別解体等の方法、解体工事の費用、再資源化等の施設名称・所在地及び再資源化等に要する費用を記載した工事請負契約を締結します。

④ 届出書の提出：発注者は届出書を作成し、工事に着手する日の7日前までに、工事を施工する区域を所管する届出窓口に提出します。

　なお、発注者は元請業者等に依頼し、届出書を代理、代行により提出することも可能です。

⑤ 下請業者に請け負わせる場合：元請業者は、下請業者に対して、都道府県知事への届出事項を告知し、下請契約を締結します。

⑥ 事前措置の実施：元請業者等は、作業場所や搬出経路の確保等の事前措置を実施し、工事現場の外囲いなど、公衆から見やすい場所に工事施工中の受注者全ての標識を掲示します。

⑦ 工事の施工：対象建設工事に携わる元請業者から下請業者まで含めた受注者全体による分別解体等及び再資源化等を実施します。

⑧ 再資源化等の完了確認：元請業者はマニフェスト等を管理すること等によって、排出した特定建設資材廃棄物が再資源化されたことを確認します。

⑨ 工事等の完了確認：元請業者は発注者に対して、再資源化等が完了した年月日、再資源化等した施設の名称・所在地及び再資源化等に要した費用について、書面により報告するとともに、再資源化等の実施状況に関する記録を作成し、保存します。

⑩ 申告：発注者は⑨の報告を受け、再資源化等が適正に行われなかったと認めるときは、都道府県知事に対し、その旨を申告し、適当な措置をとるべきことを求めることができます。

Q052 届出、通知にはどのようなことを記載する必要がありますか？

Answer.

1) 届出に関する事項

建設リサイクル法第10条において規定されており、特定建設資材に係る分別解体等に関する省令第2条に定める様式第一号により提出します。建設リサイクル法に係る届出様式等は国土交通省のリサイクルホームページ又は各都道府県等のホームページに掲載されています。届出書の提出部数などについては、各自治体で異なる場合がありますので確認して下さい。

届出書の記載概要は次の通りです。

① 解体工事の場合、建築物等の構造
② 新築工事等の場合、使用する特定建設資材の種類
③ 工事着手の時期及び工程の概要
④ 分別解体等の計画
⑤ 解体工事の場合、建築物等に用いられた建設資材の量の見込み
⑥ 発注者又は自主施工者の氏名や住所等、工事の概要、元請業者等の省令で定める事項

2) 通知に関する事項

国の機関、地方公共団体及び法令により建設リサイクル法第11条の規定について国の行政機関等とみなして規定を準用する旨の定めのある機関（独立行政法人水資源機構等）は、何時どこでどのような対象建設工事を行う等を、工事着手前に工事を施工する区域を所管する届出窓口に通知する必要があります。なお、通知

様式は定められていませんので、届出窓口に事前に確認する等して作成して下さい。

Q053 届出の義務があるのは発注者だけですか？

Answer.

　建設リサイクル法の届出義務があるのは発注者のみです（建設リサイクル法第10条）。届出をせず、又は虚偽の届出をした発注者に対しては罰金を伴う罰則が課せられます。

　なお、対象建設工事の元請業者は、発注者に対し届出事項について事前説明をしなければならないことから（建設リサイクル法第12条第1項）、発注者の届出義務の履行を補助することになります。

Q054 工事着手後、同一契約上で新たに対象建設工事が増えた場合、変更届出を提出すればよいですか？

Answer.

　新たに対象となった工事の場所や種類によって個別に判断をしますので、届出窓口に相談して下さい。同一の場所や一連の工事とみなせる場合は必要ありませんが、工事の場所や種類に追加や変更が生じた場合など、工事の前提条件が変わったときは、変更届出ではなく、改めて届出を提出する必要があります。

Q055 届出、通知の窓口はどこになりますか？

Answer.

　届出書及び通知書を提出する窓口は、工事が施工される区域を所管する都道府県等の届出窓口です。民間の指定確認検査機関では扱っておりません。

　提出窓口は国土交通省のリサイクルホームページ又は各都道府県等のホームページに掲載されています。届出が必要となる対象建設工事の規模基準、届出様式、提出部数、届出書の作成の仕方など各自治体で異なる場合がありますので建設リサイクル法に係る届出先一覧表を参照し、該当する届出窓口に連絡をとり確認して下さい。

　なお、都道府県等の「等」は、建設リサイクル法第46条で定める、都道府県知事の権限に属する事務の一部を取り扱う、政令で定める市町村の長を指します。これは建築主事を置く市町村に対象建設工事の届出事務等を委任することにより、建築確認（建築基準法第６条第１項）と同じ窓口に対象建設工事の届出を提出することができるようにしているためです。

Q056 届出を行う前に、元請業者から発注者へどういったことを説明すればよいですか?

Answer.

元請業者から発注者に対して、契約前に、少なくとも以下の事項を記載した書面を交付し、説明しなければなりません。
・解体工事の場合は、解体する建築物等の構造
・新築工事等の場合は、使用する特定建設資材の種類
・工事着手の時期及び工程の概要
・分別解体等の計画
・解体工事の場合は、解体する建築物等に用いられた建設資材の量の見込み

なお、事前説明の様式は定められていませんが、建設リサイクル法第10条の届出に使用する届出書一式には、別表や添付書類を含めるとこれらの項目が網羅されているので、これを用いて事前説明を行うこともできます。

Q057

特定建設資材（コンクリート）を用いた鉄骨造の建築物で、上屋部分（鉄骨しかない）のみを解体する場合、届出は必要ですか？

Answer.

届出は必要です。特定建設資材を用いた基準を超える規模の建築物を解体する工事は、特定建設資材廃棄物の発生量に関わらず対象建設工事となります。特定建設資材廃棄物が発生しない工事の場合、届出書の別表の廃棄物発生見込量にはゼロを記入して提出します。

Q058

複数の届出先にまたがる工事の場合、どこに届出・通知すればよいですか？

Answer.

届出・通知を必要とする全ての届出窓口に提出する必要があります。ただし、宛先は同一であっても窓口が異なるもの（都道府県知事宛に提出するもので土木事務所や市町村経由などで窓口が複数にまたがっているもの）については、原則として代表する窓口に提出しますが、都道府県等ごとに取扱いが異なる場合があるため、届出窓口に確認して下さい。

Q059

届出、通知を受けた都道府県知事は、当該解体工事現場で分別解体が適正に施工されているかどうかをどのようにチェックするのですか？

Answer.

分別解体のチェックは、それぞれ次のように行われます。

① 届出書の受理時

提出された届出書が、届出書の様式上で必要な記載事項が適切に全て記載されるとともに図面又は写真等の必要な添付図書が全てそろっていることをチェックします。このため、届出書の提出時に記載漏れや記載事項に誤り等が生じている場合は、その場で追加記載又は記載事項の訂正及び必要な添付図書の追加等の指導を行います。

発注者が届出をしなかったり、虚偽の報告をした場合には、発注者に対して罰金を伴う罰則が課せられます。

② 届出書受理日から7日以内

届出書等を受理した日から7日以内に限り、都道府県知事は分別解体等が適切に実施されないと認めるときは、分別解体等の計画の変更その他必要な措置を発注者に対して命令することができます。発注者が命令に違反した場合、発注者に対しては罰金を伴う罰則が課せられます。

③ 施工段階

工事現場における分別解体等の適正施工に関して、近隣住民や官公署からの苦情・通報に対応した現地確認、届け出られた対象建設工事における分別解体等の実施状況や無届工事の監視等のためパトロール等を行い、現地確認の結果、必要があると認められるときは、法に基づき立入検査、報告の徴収等を行います。

なお、通知書については、①及び②は対象外ですが、施工段階は、届出と同様にパトロール等により分別解体等の適正施工についてチェックを行います。

Q060
代理人が届出や通知を行う場合は委任状が必要ですか？

Answer.

代理人が届け出る場合は、原則として委任状の提出が必要ですが、都道府県等ごとに取扱いが異なる場合があるため、届出窓口に確認して下さい。

Q061
届出や通知をしたあと工事が中止になった場合などはどのようにすればよいですか？

Answer.

届出あるいは通知を提出した届出窓口に、工事が中止になった旨を連絡して下さい。具体的には届出窓口に確認して下さい。

Q062
対象建設工事でなかった工事が、変更等により対象建設工事となった場合はどうすればよいですか？

Answer.

工事の規模が建設工事の規模に関する基準以上となることがわかった時点、あるいは特定建設資材の使用が判明した時点で速やかに届出を行う必要があります。なおこの場合、工事を一時中止する必要はありません。

Q063 対象建設工事の工事契約前に届出を提出してもよいですか？

Answer.

届出書には、対象建設工事の元請業者の商号、名称又は氏名及び住所並びに法人にあっては代表者の氏名を記載することとなっていますが、契約を締結していない段階では元請業者は存在しないので、元請業者について記載することができません。このため、工事の契約前に届出書を提出することはできません。

Q064 デベロッパーが施主から頼まれて工事を依頼され、業務委託契約あるいは工事請負契約を締結し、実際の工事はデベロッパーがゼネコンに発注した場合、届出は誰が行うのですか？

Answer.

施主が発注者として届出を行う必要があります。
　なお、デベロッパーが施主から工事を依頼され、工事請負契約あるいは業務委託契約（建設工事の完成を約す内容含む）を締結した場合は、デベロッパーが元請業者になります。

Q065

建築物の解体工事と新築工事を同時に行うような場合には、届出書はどの様式を提出すればよいですか？

Answer.

　解体工事（様式第一号の表紙と別表1）と、新築工事（様式第一号の表紙と別表2）とを分けて提出してもよいですし、一括して（様式第一号の表紙と別表1及び別表2）提出してもよいです。

　なお、建築物以外の工作物（土木工事等）（様式第一号の表紙と別表3）とその他の工事の届出を同時に行う場合には、都道府県等ごとに取扱いが異なる場合があるため、届出窓口に確認して下さい。

Q066

工事完了予定日とはどの時点をさすのですか？

Answer.

　本体工事が完了する予定日。後片付け等については含まなくてもよいです。なお、複数の工事を一括して提出する場合は、一番最後の工事の完了予定日を指します。

Q067

届出書様式第一号の別表1及び別表3中の「建設資材の量の見込み」及び別表1～3中の「廃棄物発生見込量」の数量について、どのように記入したらよいですか？

Answer.

別表1の「建築物に用いられた建設資材の量の見込み」及び別表3の「工作物に用いられた建設資材の量の見込み（解体工事のみ）」については、特定建設資材だけではなく全ての建設資材の見込み数量を記入します。また、別表1～3中の「廃棄物発生見込量」については、特定建設資材廃棄物（端材等を含む）及び特定建設資材が使用される部分の発生量の見込み数量を記入します。

Q068

届出に添付する設計図又は現状を示す明瞭な写真はどのようなものが必要ですか？

Answer.

審査の際にどのような建築物や建築物以外の工作物を新築・解体しようとしているのか、明確にするために提出を求めていますので、建築物等の全体がわかるもの（平面図、立面図や全景写真等）を添付して下さい。

Q069 届出に対して変更命令がない場合、連絡をもらえますか？

Answer.

　変更命令がないという連絡は行われていません。届出を提出した日から7日以内に変更命令がない場合は、届出が受理されたことになります。

Q070 変更命令を受けた場合、その後の手続はどうなりますか？

Answer.

　建設リサイクル法第10条第3項に基づき分別解体等の計画の変更命令を受けた場合は、命令に従い計画を変更の上、工事着手の7日前までに法第10条第2項に基づく変更届出を行う必要があります。

Q071 どのような場合に変更届出を行うのですか？

Answer.

　変更届出は、対象建設工事の着手前に限って以下の届出事項に変更がある場合又は変更命令により変更届出が必要な場合に行うものです。この場合、変更届出はその工事に着手する7日前までに行わなければなりません。

- 新築工事等の場合、使用する特定建設資材の種類
- 工事着手の時期及び工程の概要
- 分別解体等の計画
- 解体工事の場合、建設資材の量の見込み
- 発注者の氏名及び住所
- 工事の規模
- 請負契約か自ら施工の別
- 元請業者の名称、住所等
- 元請業者の許可・登録番号等、技術管理者等の氏名
- 事前説明を受けた年月日

　対象建設工事の着手後に届出事項を変更する場合は変更届出を行う必要はありませんが、建設リサイクル法第9条第1項に定める分別解体等の実施義務を遵守するとともに、建設リサイクル法施行規則第2条に定める分別解体等に関する基準に従い適正な分別解体等を行う必要があります。

　なお、着工、未着工にかかわらず工事の場所や種類が追加や変更された場合、従前の元請業者との契約解除などにより元請業者が変更された場合など、工事の前提条件が変わったときは、変更届出ではなく、改めて届出を行うことが必要です。

Q072 通知の様式は定められているのですか？

Answer.

通知書の様式は定められていません。ただし、最低でも以下の項目は必要です。
- 工事の種類
- 工事の場所
- 発注者
- 受注者
- 工期

不明な点は都道府県等の通知窓口に確認して下さい。

Q073 同一敷地内で複数棟の建築を行い、床面積の合計が500m²以上となる場合は、届出は必要ですか？

Answer.

発注者が同一の受注者と契約して工事する場合（建設リサイクル法施行令第2条第2項）は、全体の工事対象床面積の合計で判断しますので届出が必要となります。

Q074 届出を受理される要件は何ですか？

Answer.

提出された届出書が、届出書の様式上で必要な記載事項が適切に全て記入されるとともにその他必要な図書（図面、写真等）が全て添付されていることです。

Q075 届出書の中で工事着手の年月日を記入しますが、天候その他の条件で着手日が1～2日ずれる場合でも変更の届出は必要となりますか？

Answer.

天候その他の条件により着手予定日や工程に1～2日程度の遅れが生じる場合は、変更届出の提出は必要ありません。ただし、天候その他の条件の変化に伴い分別解体等の計画そのものに変更が生じる場合は、変更の届出の提出が必要となります。

Q076
電気事故等で緊急工事により対応しなければならない工事は、届出は除外されますか？

Answer.

緊急な電気事故工事であっても対象建設工事に該当する場合には、届出が必要です。

なお、やむを得ず、対象建設工事であるが緊急を要するとして、工事に着手してしまった場合は、届出書その他必要な図書に事後届出となった理由を付した書面を添付して速やかに提出する必要があります。

Q077
建設リサイクル法の都道府県知事への届出は、受注した建設業者が発注者に代わって提出しても大丈夫でしょうか？

Answer.

工事を受注した建設業者等が、代理・代行を業として行わないのであれば、代理・代行で届出を行うことは可能です。

建設リサイクル法では、特定建設資材を用いた一定規模以上の建築物の解体等を実施する場合には、発注者は分別解体等の計画について都道府県知事に届け出なければなりません。この届出は、発注者が届出窓口に出向いて提出するのが原則です。

なお、代理人等が届け出る場合は、原則として委任状の提出が必要です。都道府県等ごとに取扱いが異なる場合があるため、届出窓口に確認して下さい。

Q078 PPP、PFIなどの新事業形態の発注者・元請業者は誰になるのですか？

Answer.

　原則としてPPP（Public Private Partnership注）事業の発注者は国及び地方公共団体です。また、元請業者は発注者から請け負った会社になります。

　なお、PPP事業の内でPFI（Private Finance Initiative）事業は、事業者選定手続により選定されたコンソーシアムが当該PFI事業の実施のみを目的とするSPC（特別目的会社）を組成し、SPCはPFI事業の発注者との間で締結する事業契約に基づき、設計・建設・維持管理・運営業務を包括的に受託します。このためPFI事業では、SPCは自己のための施設の完成を目指して建設会社に工事を発注することから、発注者はSPCとなり、SPCより建設工事の完成を請け負った建設会社が元請業者となります。具体的には届出窓口に確認して下さい。

注：PPP（Public Private Partnership）は、公共と民間とが共同して公共サービスを提供する事業化手法のことを指し、民間委託や民間の資金・経営ノウハウ・技術ノウハウを積極的に活用するPFI（Private Finance Initiative）を含み、併せて、公共が実施しているさまざまな業務プロセスの一部を民間事業者が分担・実施することで、より効率的かつ効果的な公共サービスを提供することも含みます。

事前説明

Q079
建設リサイクル法第12条に基づく説明はいつすればよいのですか？

Answer.
建設リサイクル法第12条第１項では「対象建設工事を発注しようとする者」に対し、「直接当該工事を請け負おうとする建設業を営む者」から説明することとなっており、契約前に書面を交付して説明することが求められています。

Q080
事前説明の様式は定められていますか？

Answer.
定められていませんが、少なくとも以下の事項について書面を交付して説明しなくてはなりません。
・解体工事である場合においては、解体する建築物等の構造
・新築工事等である場合においては、使用する特定建設資材の種類
・工事着手の時期及び工程の概要
・分別解体等の計画
・解体工事である場合においては、解体する建築物等に用いられた建設資材の量の見込み

なお、建設リサイクル法第10条の届出に使用する届出書一式には、別表や添付書類を含めるとこれらの項目が網羅されているので、これを用いて事前説明を行うこともできます。

Q081 公共工事については、いつ、どのような形で事前説明をすればよいのですか？

Answer.

公共工事についても、入札等により受注者が決定した後、契約前に発注者に対して文書で説明を行う必要があります。また、説明内容については、建設リサイクル法第12条第1項で定められた内容について説明することが必要です。

契約

Q082
建設リサイクル法第13条に掲げる契約書面における「分別解体等の方法」には何を記載すればよいのですか？

Answer.

建設リサイクル法施行規則第2条第2項第4号に掲げる分別解体等の方法を記載して下さい。具体的には工程ごとに「手作業」なのか「手作業及び機械による作業」なのかを記載します。

Q083
新築工事や修繕・模様替等工事についても、契約書面における「分別解体等の方法」の記載が必要ですか？

Answer.

建設リサイクル法の対象工事となった場合には、その工事の種類に関係なく契約書面における「分別解体等の方法」の記載が必要となります。

Q084 元請業者、下請業者等、受注者間の契約において注意点はありますか？

Answer.

受注者間で契約を履行する際、次の事項に注意することが必要です。

1. 元請業者は、下請業者等を選定する際、当該下請業者等が解体工事業の登録業者であるか、又は建設業法上の許可業者（建築工事業、土木工事業、とび・土工工事業）であることを確認することが必要です。
2. 元請業者は、下請業者等が、解体工事業者及び廃棄物処理法上の許可業者である場合、当該下請業者に解体工事と産業廃棄物の処理を併せて委託することができますが、この場合は、解体工事等の請負契約と産業廃棄物処理委託契約を別々に締結する必要があります。また、この際、元請業者は当該下請業者の保持する廃棄物処理法上の許可業種（収集運搬、処分等）及び取扱廃棄物等に係る確認をし、許可の状況に見合った契約を履行することが必要です。
3. 発注者から対象建設工事を受注した元請業者は、
   (1) 発注者への対象建設工事の届出事項に係る説明
   (2) 工事全般の施工計画の策定、個々の下請業者の選定・指導
   (3) 当該対象建設工事の特定建設資材に係る分別解体等及び特定建設資材廃棄物の再資源化等の実施
   (4) 再資源化等完了に関する確認及び発注者への報告

等が義務付けられます。

Q085 対象建設工事に係る契約書面の記載内容はどのようになりますか？

Answer.

対象建設工事の請負契約に係る書面の記載事項については、建設リサイクル法第13条において、建設業法第19条第１項に定めるもののほか、分別解体等の方法、解体工事に要する費用その他主務省令で定める事項の記載等が義務付けられています。

１）建設業法第19条（建設工事の請負契約の内容）

建設工事の請負契約の内容については、既に建設業法第19条により、建設工事の請負契約の当事者は、契約の締結に際しては、契約の内容となる一定の重要事項を書面に記載し、相互に交付しなければならないこととされています。

２）分別解体等、解体工事費等の記載に係る事項
　　（建設業法に定めるもの以外の記載事項）

建設リサイクル法第13条では、分別解体等の適正な実施の確保が特に重要との認識に基づき、建設業法に定めるもののほか、分別解体等の方法、解体工事に要する費用等を記載しなければならない旨を定めています。これにより、契約当事者が、当該工事において分別解体等の実施が義務付けられていることを明確に意識し、また、それに対して相応の代金を支払う契機となることが期待されています。

分別解体等については、発注者と元請業者間、元請業者と解体工事業者間等のそれぞれの段階で、分別解体等の方法が明確にされ、かつ、それに要する費用が適正に支払われなければ、結果として、より安易なミンチ解体が選択されたり、ともすれば不法投棄等の不適正処理が行われ

ることになることから、発注者と元請業者間のみならず、元請業者と下請業者との間においても、これらの事項を書面に記載させることとなっています。

Q086 発注者、受注者間の契約手続はどのような考え方に基づいて行われますか？

Answer.

建設リサイクル法では、対象建設工事の元請業者等が、請負契約の締結に際しては分別解体の方法等の一定の重要事項を発注者に説明し、さらに、下請業者に告げることを義務付け、解体工事等の届出、分別解体等の実施が円滑に行われるようにしています。適正な契約手続を確保するためには、対象建設工事の元請業者の果たすべき次の二つの役割が重要となります。

１）元請業者から発注者への届出に係る説明

対象建設工事の発注者はその工事内容等について行政に届け出る義務を課されていますが、発注者（特に個人発注者等）は分別解体や再資源化等に関する知識が乏しいのが通常であるため、専門知識を有する建設業者の適切な協力を得ることにより、自らに課せられた届出義務の円滑な履行が可能となります。

２）元請業者から下請業者への届出に係る説明

下請業者や孫請業者として工事に参加しようとする建設業者は、通常はその工事の一部のみを請け負うこととなるため、自らは工事の全体像がわからず、その工事が対象建設工事に該当するか否かの判断が困難となります。また、発注者が届け出た分別解体等の方法の詳細がわからなければ、工事を適正に施工し得ないこと、契約に先立ちそのような情報を入手できなければ請負金額の適正な見積り等にも支障が生じることが予想されます。下請業者による工事の全体像の把握、適正な分別解体等の実施を進めるためには、元請業者による届出に係る具体的内容及び分

別解体方法等に係る説明と、適正な契約手続が必要となります。
　なお、発注者から都道府県知事に提出する届出書については、様式が省令で定められており、具体的な説明内容は少なくともこの様式に示された内容について元請業者は発注者及び下請業者に対して説明することとなります。

Q087 Question

建設リサイクル法第13条に掲げる契約書面における「解体工事に要する費用」には何を記載すればよいのですか？

Answer.

　当該工事のうち解体工事に要する費用について、発注者と受注者が合意した金額を記載して下さい（当然当該工事を適正に実施するために必要な金額であることが前提です）。なお、解体工事に要する費用の範囲（直接工事費のみか間接費も含めるのか等）についても、発注者と受注者間でその範囲について合意していれば、特段の定めはありません。

Q088 Question

契約書面における「再資源化等をするための施設の名称及び所在地」には全ての建設資材廃棄物について記載する必要がありますか？

Answer.

　法の趣旨を踏まえると、特定建設資材について記載すれば十分であると考えられます。なお、特定建設資材廃棄物ごとに搬入先が異なる場合は、全ての施設の名称及び所在地を記載する必要があります。

Q089
契約書面における「再資源化等に要する費用」には何を記載すればよいですか？

Answer.
当該工事のうち再資源化等に要する費用について、発注者と受注者が合意した金額を記載して下さい（当然当該再資源化等を適正に実施するために運搬費や受入費など必要な金額であることが前提です）。なお、再資源化等に要する費用の範囲（直接工事費のみか間接費も含めるのか等）についても、発注者と受注者間でその範囲について合意していれば、特段の定めはありません。

Q090
元請業者が下請負人に分別解体等のみを請け負わせ、廃棄物の処理は別の業者に委託する場合等、下請負人との間の契約の内容に再資源化等が含まれない場合には、再資源化等に要する費用はどのように記載すればよいのですか？

Answer.
建設リサイクル法第13条及び特定建設資材に係る分別解体等に関する省令第4条に基づく書面の特定建設資材廃棄物の再資源化等に要する費用には「該当なし」と記載して下さい。

Q091

新築工事において、当初契約では端材の発生量がわからない等の理由で再資源化等に要する費用を見込んでいない場合、再資源化等に要する費用はどのように記載すればよいですか？

Answer.

ゼロと記載して下さい。ただし、実際の工事において端材が発生し、再資源化等を行った場合には変更契約が必要となります。

Q092

工事を単価契約している場合、再資源化等をするための施設の名称及び所在地や再資源化等に要する費用はどのように記載すればよいですか？

Answer.

再資源化等をするための施設の名称及び所在地は、考えられる箇所を全て記載して下さい。 再資源化等に要する費用については、単価で見込んでいる場合にはその単価を記載して下さい。

Q093

下請工事が特定建設資材を扱わない場合、契約書面に分別解体等の方法を記載する必要はありますか？

Answer.

特定建設資材を扱わない下請工事は対象建設工事ではないので、契約書面にこれらの事項を記載する必要はありません。

工事の施工

Q094
下請負人に告知するとありますが、告知の方法は決まっているのですか？

Answer.
建設リサイクル法第10条第1項に規定する事項を、口頭によって行っても構いませんし、文書によって行っても構いませんが、届出書の写しを交付して説明することが望ましい方法です。

Q095
国や地方公共団体が発注する工事の場合、下請負人へは何を告知すればよいのですか？

Answer.
国及び地方公共団体からの対象建設工事の受注者は、建設リサイクル法第10条第1項に規定する事項を下請負人に告知します。

Q096
下請契約において、下請負人が労務のみ提供する場合は、告知は必要ですか？

Answer.
労務のみ提供する場合も告知は必要です。

Q097 標識について、解体工事業者が掲げなければならない掲示の内容はどのようになりますか？

Answer.

建設リサイクル法第33条（標識の掲示）より、解体工事業者は、建設業許可業者と同様にその営業所及び解体工事の現場ごと、公衆の見やすい場所に、次のことを記載した標識を掲示するよう定められています。

1　商号、名称又は氏名
2　登録番号
3　その他主務省令で定める事項
　・法人である場合、その代表者の氏名
　・登録年月日
　・技術管理者氏名

営業所に標識の掲示が義務付けられる理由は、当該解体工事業者の営業が本法に基づく登録を受けた適法な業者によってなされていることを対外的に明らかにする必要があるためです。

また、解体工事の現場ごとに標識の掲示が義務付けられる理由は、解体工事の施工に係る責任主体を対外的に明確にするためで、こうした措置により、解体工事の適正な実施を確保しようとするものです。

Q098 標識を掲示するのは元請業者ですか、下請業者ですか？

Answer.

建設リサイクル法第33条（標識の掲示）では解体工事業者に、建設業法第40条（標識の掲示）では建設業者に、それぞれ標識の掲示が義務付けられています。このため、営業所及び解体工事現場では、元請業者、下請業者ともに標識の掲示が必要です。

Q099 対象建設工事に該当していなくても、標識は掲示しなければならないのですか？

Answer.

金額、規模によらず、解体工事を行う際は標識の掲示が必要です。

Q100 コンクリート及び鉄から成る建設資材については、コンクリートと鉄を分離する必要がありますか？

Answer.

　必ずしも工事現場内で全てを分離する必要はないのですが、再資源化等をするための施設の受入れ条件等を勘案し、可能な限り現場で分離することが望まれます。

Q101 現場での分別解体が義務付けられますが、現場とはどこからどこまでを指しますか？

Answer.

　建設リサイクル法では、分別解体等の義務付けは、施工が実施されている場所が想定されており、中間処理施設等搬入後に当該施設にて建設資材廃棄物を分別することについては、「分別解体」に含まれません。

　現場に明確な定義はありませんが、通常、当該工事に必要な行為が行われる場所を指すもので、建築物等の建築又は解体を実施するために必要な作業スペースも含むものと考えられます。この作業スペースが、道路等をはさんで離れた場所に存在することも想定されますが、分別解体における現場については、基本的には当該建築物等が存在する場所であると考えられます。

Q102

石膏ボードが付着したコンクリート、断熱材が付着した木材等、分別困難なものについては、どのように対応すればよいですか？

Answer.

分別解体等の行為については、特定建設資材廃棄物をその種類ごとに分別するために適切な施工方法に関する基準を施行規則に定めており、この基準に照らして適切に解体工事等を行う必要があります。

分別解体等に係る施工方法に関する基準では、施工手順を規定しており、特定建設資材の分別は、従来から一般的に行われている分別解体工事の手順に準拠して行われることを基本としています。

建築物の解体工事について具体的に言えば、建築物の①建築設備、内装や②瓦を取り外した後、③外装、躯体や④基礎の解体を行い、木材とコンクリート等について分別して排出されるような解体のことを指しており、現場において、壁紙を全て剥がすことや、コンクリートから鉄筋を全て分離すること、釘一本まで分別することなどまでは求められていません。

Q103

コンクリートとアスファルト・コンクリートを分別しないでリサイクルできる場合（路盤材等）でも分別解体する必要はありますか？

Answer.

　コンクリートもアスファルト・コンクリートも特定建設資材ですので、その分別解体等を実施する必要があります。ただし、現場での分別解体等をどの程度まで行うかについては、再資源化施設の受入条件を踏まえ、受入可能となる状態にするまでの行為を実施することになります。

　例えば、コンクリート表面にアスファルト・コンクリートが薄く付着している物について、すべてきれいに分離するところまで義務付けることとはせず、廃コンクリートの再資源化施設において、廃コンクリートに多少付着物がある状態でも、これが砕石に再資源化するために受け入れることができる状態であれば、その程度までの分別で十分とすることとしています。

　しかし、アスファルト・コンクリートはアスファルト・コンクリートとしての再生が可能な物ですので、まずその方法により再資源化が行われることが望ましいことであると考えられます。このため、できるだけアスファルト・コンクリートは、他の建設資材と混合しないようにする必要があります。

　そのため、通常考えられるケースでは、再資源化施設の受入条件からコンクリートとアスファルト・コンクリートの分別解体等を実施しなければならないと考えられています。なお、コンクリートの付着状態に応じて、全て分離する必要はない場合も想定されます。

再資源化等実施義務

Q104 離島で行う工事についても分別解体等・再資源化等は必要ですか？

Answer.

　建設リサイクル法の「対象建設工事」であれば、解体時は適正な分別解体等を行って再資源化、排出抑制を心がける必要があります。しかし、当該離島内に、再資源化施設が全くない場合は、対象建設工事であっても法第9条第1項の「正当な理由」に該当するものとして取り扱ってよいことになっています。この場合は、分別解体等・再資源化等実施義務は免除されますが、可能な限り分別解体等・再資源化等に努めることが重要です。そして、適正な処理・処分を行い、処分場への搬入量を低減するよう努めることが重要です。

　なお、分別解体等の実施義務が免除されるからといって、未登録解体業者を使用してはいけません。

Q105

特定建設資材廃棄物については、最終処分の方が経済的に有利な場合も再資源化等を行う必要がありますか？

Answer.

　特定建設資材廃棄物については、再資源化等するより最終処分を行った方が経済的に有利な場合についても、基本的に再資源化等を行わなければなりません。

　ただし、建設発生木材に関しては、工事現場から50km以内に再資源化施設が無い場合には、縮減でもかまわないとされています（建設リサイクル法第16条）。

　なお、再資源化等に要する費用は発注者が負担することとされています（建設リサイクル法第6条）。

Q106

解体工事の実施にあたり、現場ではミンチ解体を行って別の場所で分別してはいけないのでしょうか？

Answer.

建設リサイクル法第2条第3項において、分別解体とは、解体工事の場合『建築物等に用いられた建設資材に係る建設資材廃棄物をその種類ごとに分別しつつ当該工事を計画的に施工する行為』と定義されており、現場で分別しつつ解体工事を行うことが必要です。

Q107

中間処理業者が特定建設資材廃棄物を再資源化し、当該再資源化物を建設資材の製造に携わる者に搬出する際、当該特定建設資材廃棄物の排出事業者である元請業者への報告は必要ですか？

Answer.

元請業者が中間処理業者に対象建設工事に係る特定建設資材廃棄物の再資源化を委託した場合、当該中間処理業者に対して再資源化完了の旨を確認する方法は、廃棄物処理法に基づくマニフェストを活用することが有効と考えられます。

なお、中間処理業者は元請業者に対して、受け入れた特定建設資材廃棄物の再資源化状況についてのみ報告すればよく、再資源化物をどの業者に搬出するか等についての報告は必要ありません。

Q108 ミンチ解体を実施し、熔融炉等で全て熱エネルギーとすることは再資源化に該当しますか？

Answer.

　これまで、解体工事等に適正な費用が支払われず、ミンチ解体後に不法投棄等といった建設資材廃棄物の不適正処理が問題となってきました。こうした背景から、正当な理由がある場合を除き分別解体等に伴って生じた特定建設資材廃棄物について、再利用を優先して再資源化をしなければならないことから適正な再資源化に該当しないと考えられます。

　また、建設リサイクル法基本方針第1項第1号②に、建設資材に係る廃棄物・リサイクル対策の考え方として、次のことを記載しています。

　『建設資材に係る廃棄物・リサイクル対策の考え方としては、循環型社会形成推進基本法（平成12年法律第110号）における基本的な考え方を原則とし、まず、建設資材廃棄物の発生抑制、次に、建設工事において使用された建設資材の再使用を行う。これらの措置を行った後に発生した建設資材廃棄物については、再生利用（マテリアルリサイクル）を行い、それが技術的な困難性、環境への負荷の程度等の観点から適切でない場合には、燃焼の用に供することができるもの又はその可能性のあるものについては、熱回収（サーマルリサイクル）を行う。最後に、これらの措置が行われないものについては最終処分するものとする。なお、発生した建設資材廃棄物については、廃棄物の処理及び清掃に関する法律（昭和45年法律第137号。以下「廃棄物処理法」という。）に基づいた適正な処理を行わなければならない。』

　これにより、建設リサイクル法では、熱回収（サーマルリサイ

クル)よりも再生利用(マテリアルリサイクル)を優先する考え方を原則としています。

　一方、溶融炉等の焼却施設で混合廃棄物が熱エネルギーとしてうまく熱回収されることは望ましい手法の一つであると考えられますが、そうした高性能な焼却施設は現状ではあまり普及していない状況にもあります。このため、混合廃棄物を溶融炉等で熱回収することについては、今後の施設整備状況等を勘案し、最終処分するよりも優先順位が高いものとして、当面、可能な範囲で行われることになると考えられます。

Q109
再利用が可能な特定建設資材を現場で再利用することはできないのですか？必ず特定建設資材廃棄物として再資源化等を行う必要があるのですか？

Answer.

　特定建設資材の再利用は積極的に行うべきであり、そのまま利用できるものであれば、わざわざ特定建設資材廃棄物として再資源化等を行う必要はありません。

　再利用できなくなり、特定建設資材廃棄物として現場より排出しなくてはならなくなった場合に再資源化等が義務付けられます。

Q110 特定建設資材廃棄物の再資源化施設への運搬距離に係る規定はありますか？

Answer.

　分別解体等の実施により生じた特定建設資材廃棄物については、その全量が再資源化されることが基本です。しかし、廃棄物の処理を他人に委託する場合、特定建設資材廃棄物の再資源化施設の整備が十分ではない一部地域では、分別解体等に伴って生じた特定建設資材廃棄物の全てについて再資源化を義務付けると再資源化施設までの運搬費用が著しく高くなることが予想されます。

　建設リサイクル法は、再資源化等が技術的にも経済的にも可能な建設廃棄物について再資源化の実施を義務付けようとするものであり、運搬費等を全く考慮せずに義務付けを行うことは本法の趣旨と相容れないものです。このため、政令で定める指定建設資材廃棄物については、工事現場から一定距離内に再資源化をするための施設がない場合には、次善の方法として縮減を行うことで足りるとするものです。

　この指定建設資材廃棄物としては、木材が指定され、距離の基準としては、工事現場から再資源化施設までの距離が50kmとされています。また、都道府県の条例によりこの距離に関する基準を定めることができます。

Q111 中間処理施設で破砕処理などを行う場合も再資源化に該当するのですか？

Answer.

再資源化の定義である、
- 分別解体等に伴って生じた建設資材廃棄物について、資材又は原材料として利用すること（建設資材廃棄物をそのまま用いることを除く）ができる状態にする行為
- 分別解体等に伴って生じた建設資材廃棄物であって燃焼の用に供することができるもの又はその可能性のあるものについて、熱を得ることに利用することができる状態にする行為

が満足されているのであれば、再資源化に該当します。

Q112 建設発生木材を破砕した後に単純焼却している施設に持込む場合は再資源化といえますか？

Answer.

破砕後に単純焼却しているのであれば、再資源化には該当しません。

Q113

対象建設工事の実施にあたって建設発生木材を縮減してもよいのは、どのような場合ですか？

Answer.

1）工事現場から50km以内に再資源化を行うための施設がない場合

工事現場から再資源化を行うための施設までの距離が半径50kmを超える場合。各工事現場が再資源化しなければならない場所であるか、縮減で足りる場所であるかについて不明の場合は、都道府県に問い合わせて下さい。

2）工事現場から再資源化を行う施設まで道路が整備されていない場合

対象建設工事の現場付近から、建設発生木材の再資源化を行う施設まで、建設発生木材を運搬する道路が整備されていない場合（例えば離島の工事で船舶による輸送が必要な場合、山上の工事で索道、鋼索道による輸送が必要な場合等）において、かつ、建設発生木材の縮減をするために行う運搬費用が再資源化をするための運搬費用より低い場合。なお、このような場合は都道府県に相談して下さい。

Q114 木材とパーティクルボードを使用する対象建設工事で、工事現場から50km以内の再資源化を行う施設では木材のみ受入れている場合は、再資源化等義務はどのように考えればよいのですか？

Answer.

　木材関係については、個々の品目ごとに再資源化を行う施設で再資源化可能かどうかを調査し、可能なものについては再資源化を行う必要がありますが、工事現場から50km以内の再資源化を行う施設で受入れを行っていないものについては縮減をすれば足ります。
　このため、この場合においては、木材については再資源化義務がありますが、パーティクルボードについては縮減で足ります。

Q115 対象建設工事の実施にあたって、木材の再資源化を行う施設であっても、建設発生木材を受け入れていない場合や、需給関係などの理由で受入れを断られた場合はどうすればよいのですか？

Answer.

　建設発生木材を受け入れていない場合や、特定の者と固定的な取引に特化しており、その他の者の建設発生木材を受け入れない場合には、建設リサイクル法第16条でいう施設が存在しない場合とみなすとされています。また、需給関係などの理由で時期によって受入れができない場合は、都道府県が区域と期間を限定した上で、法第16条でいう施設が存在しないとみなすことが前提となっていますので、各都道府県に問い合わせて下さい。

Q116

中間処理を行ってから再資源化を行う場合、距離基準の50kmはどう考えればよいのですか？

Answer.

建設リサイクル法第2条第4項に定める再資源化を行う施設までの距離が50kmということです。つまり、中間処理施設で破砕を行った段階で、資材又は原材料として利用することができる状態か、熱を得ることができる状態であれば、中間処理施設までの距離ということになります。積替え・保管施設を経由する場合等には、再資源化を行う施設までの距離をカウントする必要があります。

Q117

防腐剤のしみこんだ廃材やコンクリートの付着したコンパネなど、再資源化が困難な木くずも再資源化しなければならないのですか？

Answer.

分離・分別の徹底により、できるだけ再資源化できるよう努めて下さい。再資源化が困難であるなどの実状もあることから、再資源化施設が見つからない場合には縮減によることでやむを得ないものとします。

Q118 解体により出された廃木材は、焼却炉で燃やしてよいのですか？

Answer.

建設リサイクル法第16条では、分別解体等によって生じた木材（建設発生木材）は指定建設資材廃棄物であり、再資源化をしなければなりません。ただし、再資源化施設が50km以内に存在しない場合等の条件を有する場合は縮減（焼却）すれば足りると規定されています。

施行規則第3条では、現場から50km以内に再資源化施設があっても、再資源化施設が、①〜③の事例等に該当し、受入れを拒否するときは、法第16条でいう施設が存在しない場合とみなし、「縮減すれば足りる」こととされています。

① 季節的な需給関係又は一時的な処理能力の問題により受け入れられない場合。（都道府県が区域と期間を限定した上で、法第16条でいう施設が存在しないとみなすことが前提）

② 受入れを剪定枝葉、生木、根株等に限定しており、建設発生木材を受け入れない場合。

③ 特定の者との固定的な取引に特化しており、その他の者の建設発生木材を受け入れない場合。

工事の完了

Q119 再資源化等完了の報告について、発注者又は元請業者から都道府県知事への報告義務はないのですか？

Answer.

　再資源化等完了の報告については、建設リサイクル法第18条（発注者への報告等）において、対象建設工事の元請業者に対して当該工事の発注者への報告義務が課せられています。

　発注者から都道府県知事への再資源化完了の報告については、事前届出により当該工事の分別解体等の計画の提出が行われ、通常短期間で解体工事が完了することから、こうした短い期間に二つの届出を行わせるのは過度な負担となるため、完了の報告は不要とされました。なお、元請業者に対しては廃棄物処理法においてマニフェストの交付状況を都道府県知事に報告することが義務付けられていること等により、再資源化が行われたかどうかの確認は可能となります。また、適正な再資源化等が行われなかった場合には、発注者から行政にその旨を申し出て必要な措置をとるよう求めることが可能であること、元請業者は再資源化に係る記録を保存しなければならない等を規定することにより、適正な再資源化を確保するための措置が講じられています。以下、詳細を示します。

1）適正な再資源化等が実施されなかった場合の発注者から都道府県への申出

　建設リサイクル法第18条（発注者への報告等）において、発注者は、特定建設資材廃棄物の再資源化等の状況を把握できるようにするとともに、適正な再資源化等が行われなかった場合には行政にその旨を申し出て必要な措置をとるよう求めることが可能であるとしています。その理

由は、次のことによります。
(1) 発注者は対象建設工事に関して、適正な分別・再資源化等について費用の負担、工事の届出等一定の責任を有しており、その発注工事から排出された廃棄物が最終的にどのように処理されていったかについても知るべき立場にある
(2) リサイクルや適正処理に対する発注者の意識を向上させるためには、発注者にも建設廃棄物のリサイクルや適正処理の状況に関する情報が届くようにし、発注者にも当事者意識を持ってもらうことが有効と考えられる
(3) 発注者が届出事項に係る変更命令を受けた場合には、それに見合う処理が受注者により実際に行われたかどうかについて関心が高いと考えられる
(4) 建設工事や廃棄物処理に係る知見も有している大規模発注者等は、実質的にも処理の内容を確認できる能力を有しており、受注者の義務履行の確認の一翼を担える立場にある

2）元請業者の再資源化等に係る記録の作成及び保存と、都道府県へのマニフェスト交付状況の報告について

建設リサイクル法第18条（発注者への報告等）において、元請業者は再資源化等に係る記録の作成及び保存が義務付けられています。記録を作成せず、若しくは虚偽の記録を作成し、又は記録を保存しなかった者は、10万円以下の過料に処されることとなります。再資源化等の適正な実施をするため必要がある場合には、都道府県知事が助言・勧告、命令を行うことができます。この際、都道府県知事が、元請業者の再資

源化等に係る記録等や廃棄物処理法に基づく報告書をもとに、助言等実施することとなります。なお、廃棄物処理法では、毎年6月末までに、前年度のマニフェスト交付状況を都道府県又は政令市に報告することが必要とされています。

Q120

再資源化実施状況の記録の保存について、記録すべき内容及び保存期間はどのくらいですか？

Answer.

　建設リサイクル法第18条は、対象建設工事の元請業者に対し、特定建設資材廃棄物に係る再資源化等の実施状況に関する記録の作成及び保存を義務付けています。

　記録すべき内容は、
・再資源化等が完了した年月日
・再資源化等をした施設の名称及び所在地
・再資源化等に要した費用
の3項目です。なお、保存の期間に関しては定められていません。

Q121

再資源化等を完了した日は、マニフェストに記載されている再資源化を行う施設における処分を完了した年月日と考えてよいですか？

Answer.

　差し支えありません。

Q122

再資源化等をした施設の名称及び所在地、再資源化等に要した費用は、全ての廃棄物が対象となりますか？

Answer.

法の趣旨を踏まえると、特定建設資材廃棄物について記載すればよいことになります。なお、特定建設資材廃棄物ごとに搬入先が異なる場合は、全ての施設の名称及び所在地を記載する必要があります。

Q123

最終処分の確認について、廃棄物が少量である場合も全て確認が必要ですか？

Answer.

排出事業者は、排出量の多寡にはかかわらず、自らの廃棄物を適正に処理する責任があります。このため、少量の廃棄物の処理を委託する場合であっても、廃棄物の種類ごとにマニフェストを交付するとともに、このマニフェストの写しが送付されることにより最終処分を確認する必要があります。

なお、予期しない場所での不法投棄に捲き込まれないためには、処理が終了しマニフェストの写しが送付された後に、マニフェストの回付先に電話等により実際に処理が行われたか否かを確認することが効果的です。

Q124 再資源化等完了の確認は、どのようにすればよいですか？

Answer.

　建設リサイクル法第18条は、対象建設工事の元請業者が特定建設資材廃棄物に係る再資源化等が実施された際、その旨を発注者へ報告することを義務付けています。ここで、元請業者が建設資材廃棄物の再資源化等が完了したことを確認するためには、マニフェストを適正に管理するほか、次の事項に留意する必要があります。

- 受注者が実施義務を負う特定建設資材廃棄物の再資源化等が完了したときは、特定建設資材廃棄物が、資材又は原材料として利用することができる状態になったとき、あるいは縮減が完了したときであり、具体的には、再資源化等を中間処理業者に委託した場合には、当該処理業者の施設での処理が完了したときです。
- コンクリート塊は、当該コンクリート塊がコンクリートの再資源化施設において破砕機により破砕された後、粒径により分類され、再生骨材となった場合、再資源化等が完了したこととなります。
- 建設発生木材では、再資源化施設においてチップ化、あるいは再資源化ができない場合に適正な焼却施設で縮減した場合、再資源化等が完了したこととなります。
- アスファルト・コンクリート塊では、コンクリート塊と同様の再資源化手法により再生骨材となった場合、あるいは、破砕、選別、混合物除去、粒度調整等により再生加熱アスファ

ルト混合物となった場合、再資源化等が完了したこととなります。

　次に、建設リサイクル法第18条では発注者が再資源化が適正に行われなかったと認める場合、都道府県知事にその旨を報告できるとしていますが、再資源化が適正に行われなかった場合として、以下の事項が考えられます。

- ・再資源化等が適正に行われなかった場合とは、例えば、再資源化施設等による再生が行われなかった場合、あるいは適正な施設による焼却が行われなかった場合が想定されます。
- ・また、元請業者から再資源化等の完了の報告を受けた場合、再資源化等の確認については、具体的には、発生量と処理量に大きな開きがある場合や、実際に存在しない架空の施設や、休止・廃止された施設での処理が行われたとするなど、明らかに虚偽の報告があった場合など、再資源化等が適正に行われなかったおそれがあると考えられます。

Q125 解体工事業者は営業所ごとに帳簿を備えますが、その記載事項、保存期間はどのようになっていますか?

Answer.

建設リサイクル法第34条に、「解体工事業者は、主務省令で定めるところにより、その営業所ごとに帳簿を備え、その営業に関する事項で主務省令で定めるものを記載し、それを保存しなければならない」とあります。

解体工事業に係る登録等に関する省令第9条では、
・注文者の氏名又は名称及び住所
・施工場所
・着工年月日及び竣工年月日
・工事請負金額
・技術管理者の氏名

の5項目を記載した帳簿を保管しなければならないとされています。

様式は以下の別紙様式第8号です。

別記様式第8号(第9条関係)　　　　　　　　　　　　　　　　　(A4)

注文者の氏名又は名称	
注文者の住所	郵便番号(　－　)　　　　　電話番号(　)－
施 工 場 所	
着工年月日及び竣工年月日	自　　年　　月　　日 至　　年　　月　　日
工 事 請 負 金 額	
当該工事に係る技術管理者の氏名	

保存期間は、省令第9条第6項に「各事業年度の末日をもって閉鎖するものとし、閉鎖後5年間当該帳簿及び添付書類を保存しなければならない。」とあります。

また、これらの書類は、「磁気ディスク等」に記録し、必要に応じて解体工事業者の営業所において紙面に表示されるときは、当該記録をもって帳簿への記載に代えられます。

帳簿は解体工事ごとに作成し、これに建設業法第19条に定める工事請負契約書等を添付する必要があります。

Q126 最終処分の確認について、再資源化した場合どこまで確認が必要ですか？

Answer.

　最終処分後に交付したマニフェストが受託者から送付され、これを控えと照合することにより、適正に処理が完了したことが確認できます。

　再資源化された場合は、再生が最終処分となるため、マニフェストによって確実に再生が行われたことを確認する必要があります。ただし、再資源化され廃棄物ではなくなった原材料や製品については、その販売先までマニフェストにより確認する必要はありません。

　このような場合は、原材料や製品などに再資源化し、廃棄物でなくなる再生処分が終了した段階で最終処分されたこととなります。したがって、マニフェストではこのような再生処分を行った場所が最終処分の場所となり、再生処分が終了した段階で最終処分を終了したこととなります。

③ Recycle

廃棄物処理法

法解釈 | 再生利用 | 委託契約 | 保 管 |
運搬・処分 | マニフェスト | 適正処理

法解釈

Q127 建設廃棄物の処理責任は誰が負うのですか？

Answer.

　産業廃棄物の処理責任は、廃棄物処理法において、事業により廃棄物を発生させた事業者（排出事業者）が負うことになっています。建設業の場合、排出事業者は発注者から直接工事を請け負う施工業者（元請業者）です。

　このため工事の一部である解体工事、杭工事など専門工事業者に下請させた場合でも、これらの工事により発生した建設廃棄物は元請業者の処理責任となるので注意が必要です。従来、例外的に元請業者が下請業者に発注者から請け負った工事の全部や一部を一括発注する場合等において、下請業者も排出事業者となるケースがありましたが、2011年4月の廃棄物処理法改正により、こうしたケースは一切認められなくなりましたので、十分注意して下さい。

Q128 梱包材に関する排出事業者としての責任の所在はどのようになりますか？

Answer.

　現場で発生した建設廃棄物の処理責任は元請業者にありますので、工事に使用するわけではない梱包材などが廃棄物となった場合であっても、排出事業者としての責任を負うのは元請業者となります。

　このため、下請業者や納入業者に梱包材等をそのまま処理させることはできません。ただし下請業者が産業廃棄物処理業の許可を有している場合は、委託契約を締結したうえで、処理を委託することができます。

　このほか、メーカーが自社の流通システムを利用し、廃棄物になった自社製品等を収集して処理する広域認定制度を採用し、環境大臣の認定を受けた場合は、産業廃棄物処理業の許可がなくても当該廃棄物の処理を委託することができます。

　中には、廃棄物となった梱包材を含めてこの認定を取得しているメーカーもありますので、確認するとよいでしょう。

Question 129

多量排出事業者に係る具体的な基準はありますか？

Answer.

廃棄物処理法においては、多量の産業廃棄物を生ずる事業場を設置している事業者に対して、廃棄物の減量等の計画を作成し、都道府県知事に提出することとなっています。対象となる事業者は前年度の産業廃棄物の発生量が1,000トン以上（特別管理産業廃棄物については50トン以上）である事業場を設置している事業者です。建設業においては、一つの自治体の中に複数現場があった場合は、それらの現場の廃棄物発生量の合計で判断します。

Question 130

廃棄物の譲渡及び物々交換等については、法律上問題ありますか？

Answer.

双方の合意に基づいて譲渡又は物々交換した場合であっても、その後の取扱いが不適切であれば、廃棄物処理法が適用されます。譲渡や物々交換が適正に利用することを目的に行われ、その通りに扱われる分には、法律上問題とされる可能性は低いと思われます。心配であれば、環境行政に相談することをお薦めします。

Q131 特別管理廃棄物とはなんですか？

Answer.

廃棄物のうち爆発性、毒性、感染性、その他人の健康や生活環境に被害を及ぼす恐れがあるものを、特別管理廃棄物といい、政令で下表の物品を指定しています。

特別管理廃棄物は、特別管理一般廃棄物と、特別管理産業廃棄物に分けられます。

特別管理廃棄物の一覧

主な分類			概要
特別管理一般廃棄物	PCB使用部品		廃エアコン・廃テレビ・廃電子レンジに含まれるPCBを使用する部品
	ばいじん		ごみ処理施設の集じん施設で生じたばいじん
	ダイオキシン類含有物		ダイオキシン特措法の廃棄物焼却炉から生じたもので、ダイオキシン類を3ng/g以上含有するばいじん、燃え殻、汚泥
	感染性一般廃棄物*		医療機関等から排出される一般廃棄物であって、感染性病原体が含まれ若しくは付着しているおそれのあるもの
特別管理産業廃棄物	廃油		揮発油類、灯油類、軽油類（難燃性のタールピッチ類等を除く）
	廃酸		pH2.0以下の廃酸
	廃アルカリ		pH12.5以上の廃アルカリ
	感染性産業廃棄物*		医療機関等から排出される産業廃棄物であって、感染性病原体が含まれ若しくは付着しているおそれのあるもの
	特定有害産業廃棄物	廃PCB等	廃PCB及びPCBを含む廃油
		PCB汚染物	PCBが付着等した汚泥、紙くず、木くず、繊維くず、プラスチック類、金属くず、陶磁器くず、がれき類
		PCB処理物	廃PCB等又はPCB汚染物の処理物で一定濃度以上PCBを含むもの★
		指定下水汚泥	下水道法施行令第13条の4の規定により指定された汚泥★
		鉱さい	重金属等を一定濃度以上含むもの★

	廃石綿等	石綿建材除去事業に係るもの又は大気汚染防止法の特定粉じん発生施設から生じたもので飛散するおそれのあるもの
	ばいじん又は燃え殻*	重金属等及びダイオキシン類を一定濃度以上含むもの★
	廃油*	有機塩素化合物等を含むもの★
	汚泥、廃酸又は廃アルカリ	重金属、有機塩素化合物、PCB、農薬、セレン、ダイオキシン類等を一定濃度以上含むもの★

(備考)
1．これらの廃棄物を処分するために処理したものも特別管理産業廃棄物の対象
2．＊印：排出元の施設限定あり
3．★印：廃棄物処理法施行規則及び金属等を含む産業廃棄物に係る判定基準を定める省令（判定基準省令）に定める基準参照

Q132 建設残土と汚泥の取扱区分等、汚泥の定義はどのようになっていますか？

Answer.

汚泥の定義は以下のように示されています。

『地下鉄工事等の建設工事に係る掘削工事に伴って排出されるもののうち、含水率が高く粒子が微細な泥状のものは、無機性汚泥（以下「建設汚泥」という）として取り扱う。また、粒子が直径75マイクロメートルを超える粒子をおおむね95%以上含む掘削物にあっては、容易に水分を除去できるので、ずり分離等を行って泥状の状態ではなく流動性を呈さなくなったものであって、かつ、生活環境の保全上支障のないものは土砂として扱うことができる。

泥状の状態とは、標準仕様ダンプトラックに山積みができず、また、その上を人が歩けない状態をいい、この状態を土の強度を示す指標でいえば、コーン指数がおおむね200kN/m^{2}以下又は一軸圧縮強さがおおむね50kN/m^{2}以下である。

しかし、掘削物を標準仕様ダンプトラック等に積み込んだ時には泥状を呈していない掘削物であっても、運搬中の練り返しにより泥状を呈するものもあるので、これらの掘削物は「汚泥」として取り扱う必要がある。なお、地山の掘削により生じる掘削物は土砂であり、土砂は廃棄物処理法の対象外である。

この土砂か汚泥かの判断は、掘削工事に伴って排出される時点で行うものとする。掘削工事から排出されるとは、水を利用し、地山を掘削する工法においては、発生した掘削物を元の土砂と水に分離する工程までを掘削工事としてとらえ、この一体となるシステムから排出される時点で判断することとなる。』

したがって、建設工事から排出される発生土のうち上記で定義

された汚泥以外のものが土砂（いわゆる建設残土）となります。

　平成17年には、環境省課長通知で「建設汚泥処理物の廃棄物該当性の判断指針」が示され、物の性状、排出の状況、通常の取扱い形態、取引価値の有無、占有者の意思、の五つの要素によって建設汚泥を処理したものが廃棄物に該当するか否かを判断することとしています。

Q133

木くずについて、一般廃棄物と産業廃棄物の区分はどのようになっていますか？

Answer.

　建設業の関連で言えば工作物の新築、改築又は除去に伴って生じた木くずは全て産業廃棄物であり、例えば建設工事に伴って伐採した伐採樹木（植木、立木、生垣等）もこれに該当します。一方、道路の維持管理に伴う街路樹の剪定や堤防の除草に伴って発生した木くずの場合、一般廃棄物となります。

Q134

解体工事の際に残されている生活残存物について、どのように対応すればよろしいですか？

Answer.

　生活残存物は、本来、所有者が処分すべきものなので、事前に所有者による処分を依頼する必要があります。それでもなおこれらが残されている場合は、市町村に相談し、その指示に従って下さい。

　なお、家庭用のエアコン、テレビ（プラズマ・液晶含む）、冷蔵庫・冷凍庫、洗濯機については家電リサイクル法の対象となりますので、同法に則った処理が必要です。

Q135

不適正処分に関する原状回復等の措置命令の強化等として排出事業者等が「適正な対価を負担していないとき」と規定されましたが、この「適正な対価」について何か基準等がありますか?

Answer.

廃棄物処理法第19条の6では、適正な処理料金を負担していないなど適正な処理を確保すべき注意義務に照らして、排出事業者が支障の除去等の措置を採ることが適当であると認められるときには、その事業者を措置命令の対象とすることとしています。

平成17年に環境省課長通知で出された「行政処分の指針」では、以下のように記載されています。

「『適正な対価』であるか否かを判断するに当たっては、まずは都道府県において、可能な範囲でその地域における当該産業廃棄物の一般的な処理料金の範囲を客観的に把握すること。そして、その処理料金の半値程度又はそれを下回るような料金で処理委託を行っている排出事業者については、当該料金に合理性があることを排出事業者において示すことができない限りは、『適正な対価を負担していないとき』に該当するものと解して差し支えないこと。なお、当該処理料金の半値程度より高額な料金で処理委託をした場合においても、これに該当する場合があることは言うまでもないことから、排出事業者が一般的な料金よりも安い価格で委託しても適正処理がなされると判断した理由について、随時報告徴収を実施するなどして把握するよう努めること。」

このように、「適正な対価」についての明確な基準はありませんが、排出事業者が処理料金の妥当性をきちんと判断し、適正な処理に必要な対価を負担することが求められます。

Q136 建設廃棄物をリサイクルする場合、どの時点で廃棄物から外れますか？

Answer.

廃棄物をリサイクルする方策は、処理委託の他、自ら利用、指定制度（個別指定、一般指定）、有償譲渡があり、それぞれ廃棄物から外れて有価物とみなされる時点が異なります。

- 処理委託：処理業者が中間処理（再資源化）を行い、再生品を売却した時点
- 自ら利用：廃棄物が再生利用され、それによって作られたものが利用された時点（利用価値有）
- 認定制度：処理方法、利用位置、利用量など審査を受けたものであることから、利用場所に搬入された時点（取引価値有）。ただし、建設汚泥に限定
- 指定制度：廃棄物が処理方法、利用位置、利用量など審査されたものであるので利用場所に搬入された時点（取引価値有）
- 有償譲渡：廃棄物が有償で譲渡された時点（有価物）

とされています。

ただし、偽装売却や不適切な利用が行われた場合は、廃棄物処理法が適用されますので、留意が必要です。

Q137 有償譲渡であれば1円でも有価物となりますか？

Answer.

廃棄物か否かの判断は総合判断によって行われ、占有者が自ら利用し、又は他人に有償で譲渡できないために不要になった物をいい、これらに該当するか否かは、その物の性状、排出の状況、通常の取扱い形態、取引価値の有無及び占有者の意思等を総合的に勘案して判断すべきものとされています。

廃棄物が1円で譲渡された場合、有価物と考えられますが、運搬費用などを占有者が負担したり、別の名目で購入者に金品が渡り、結果的に占有者の支払い費用が譲渡代金を上回っている場合などは廃棄物の処理の委託とみなされ、廃棄物処理法違反となります。

Q138 もっぱら物とは何ですか？

Answer.

廃棄物処理法第14条第1項ただし書及び第6項ただし書に示される「専ら再生利用の目的となる産業廃棄物」を指します。具体的には、古紙、くず鉄（古銅等を含む）、あきびん類及び古繊維が該当します。

これらの廃棄物のみを収集運搬又は処分を業とする者（いわゆる古物商）については、産業廃棄物処理業の許可を必要としません。

Q139 産業廃棄物と一般廃棄物とは、どのような違いがあるのですか？

Answer.

　産業廃棄物は、基本的に事業活動に伴って発生した廃棄物で、20品目に区分されています。中には、建設工事や製材業・木製品の製造業、パルプ製造業、レンタル業に係るもの、パレットに限定されている「木くず」のように、たとえ事業活動から発生したとしても、限定された業種から発生したもの以外は、産業廃棄物ではなく一般廃棄物となる品目もあります。このほか、輸入された廃棄物も産業廃棄物です。特に有害性が高いものは、特別管理産業廃棄物となります。

　一方、一般廃棄物は、産業廃棄物以外の全ての廃棄物が該当します。こちらも、特に有害性が高いものは特別管理一般廃棄物となります。

　例えば、建設工事に伴って発生する伐採木や刈草は産業廃棄物ですが、道路や河川堤防の維持管理から排出される剪定枝や刈草、台風などの大雨によってダム貯水池内に貯留する風倒木は一般廃棄物となります。

　両者の最も大きな違いは、産業廃棄物は発生させた事業者に処理責任があるのに対し、一般廃棄物は市町村に処理責任がある点です。

Q140 建設副産物と建設廃棄物の関係はどのようになっていますか?

Answer.

建設副産物は、資源有効利用促進法の第2条第2項で『製品の製造、加工、修理、若しくは販売、エネルギーの供給又は土木建築に関する工事(以下「建設工事」という。)に伴い副次的に得られた物品をいう。』と定義されています。したがって建設副産物は、建設工事に伴って副次的に得られる物品全てを指します。建設廃棄物のほか、建設発生土、金属くず等そのままでも建設資材や原料となるもの(廃棄物処理法の対象とならないもの)も含んだ概念です。

建設副産物、建設廃棄物、再生資源の概念を図にすると、下のようになります。

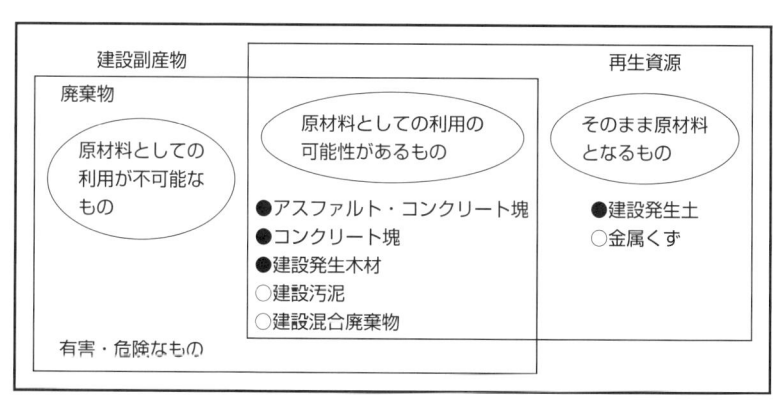

```
建設副産物                                      再生資源
┌──────────────────────────────────────────┐
│ 廃棄物   ┌────────────────────────────────────────┐
│  ╱──╲   │  ╱──────╲          ╱──────╲  │
│ │原材料としての│ │原材料としての利用の│  │そのまま原材料│ │
│ │利用が不可能な│ │可能性があるもの  │  │となるもの  │ │
│ │もの     │ │          │  │       │ │
│  ╲──╱   │  ╲──────╱          ╲──────╱  │
│         │                           │
│         │ ●アスファルト・コンクリート塊             │
│         │ ●コンクリート塊      ●建設発生土      │
│         │ ●建設発生木材       ○金属くず       │
│         │ ○建設汚泥                     │
│         │ ○建設混合廃棄物                  │
│ 有害・危険なもの  │                           │
└──────────────────────────────────────────┘
```

建設副産物と廃棄物の関係

●は資源有効利用促進法の指定副産物

Q141
商社やエンジニアリング会社が元請となる工事の場合では、下請であるゼネコンが排出事業者となることはできないのですか？

Answer.

平成23年4月の廃棄物処理法改正により、建設廃棄物の排出事業者は元請業者に一元化されました。従来、例外的に下請業者が排出事業者となることができる旨を記載した平成6年衛産第82号の厚生省通知がありましたが、平成23年3月30日付けで廃止されています。したがって、商社やエンジニアリング会社が元請の場合でも、下請であるゼネコンが排出事業者となることはできません。

Q142
自ら利用とはどのようなことですか？

Answer.

排出事業者（元請施工者）が当該工事現場又は当該排出事業者の別の工事において、産業廃棄物を有償譲渡できる性状に改良し、再度建設資材として利用することをいいます。

自ら利用は、廃棄物処理法の対象外とされていますが、建設汚泥の自ら利用などは許可や届けが必要な自治体もあります。

有償譲渡できる性状とは、利用用途にてらして要求品質を満足する性状のことをいい、必ずしも実際に売れるものとする必要はありません。

自ら利用と称して、有償譲渡できない性状のものを敷地内等に埋め立てることなどは不法投棄に該当します。

Q143

造成工事において根株等が混じる表土の現場内利用を考えています。建設工事から生じる伐採木、根株などは産業廃棄物に該当すると聞きますが、廃棄物としての取扱いの留意事項はどのようになりますか？

Answer.

根株等が含まれたままの表土を、そのまま現場内で盛土材として利用することについては、根株等は表土の一部としてとらえることとして、廃棄物として規制する必要はないと通知しています。造成に利用できない大きな根株などを処分する場合は、産業廃棄物として処理する必要があると考えられます。したがって、必要に応じて、環境部局に問い合わせて下さい。

環境省は森林保全のための自然還元、資材としての利用を認めることを都道府県政令市産業廃棄物所管部局宛に通知しています。したがって、具体的には都道府県政令市の指導内容を確認しておく必要があります。

Q144

現場で発生した木くずを近所の人がほしいというので、現場まで取りに来てもらって無償で譲渡しました。これは廃棄物処理法違反となりますか？

Answer.

運搬も取りに来た人が行い、有効に利用されるなら廃棄物処理法違反にはなりません。

再生利用

Q145 再生利用認定制度（大臣認定制度）、指定制度とはどのようなものですか？

Answer.

1）廃棄物の再生利用認定制度（廃棄物処理法第15条の4の2）

再生利用認定制度とは、一定の廃棄物の再生利用について、その内容が生活環境の保全上支障がない等の一定の基準に適合していることについて環境大臣が認定する制度で、認定を受けた者については処理業及び施設設置の許可を不要とすることにより、再生利用を容易に行えるようにするものです。

認定の対象はそれ自体が生活環境の保全上支障を生じさせない蓋然性の高いものに限定され、平成9年12月26日付けの厚生省告示で、河川法第6条第2項に規定する高規格堤防の築堤材として使用する建設汚泥（シールド工法若しくは開削工法を用いた掘削工事、杭基礎工法、ケーソン基礎工法若しくは連続地中壁工法に伴う掘削工事又は地盤改良工法を用いた工事に伴って生じた無機性のものに限る）が認定の対象となっています。また、自動車用の廃ゴムタイヤ、廃プラスチック類も対象となっています。

なお、認定の要件は、次のようになっています。
・再生利用の内容が生活環境保全上支障を生じさせるものでないこと
・申請者が一定の欠格要件に該当しない等の基準に適合する者であること
・再生利用に供する施設が一定の基準に適合すること

2）廃棄物の再生利用指定制度（廃棄物処理法施行規則第9条第2号、第10条の3第2号）

再生利用指定制度とは、再生利用されることが確実である産業

廃棄物のみの処理を業として行う者を都道府県知事等が指定し、産業廃棄物処理業の許可を不要とすることによって再生利用を容易に行えるようにするものです。

再生利用指定制度には、個別指定と一般指定があります。

(1) 個別指定

指定を受けようとする者の申請を受け、都道府県知事等が再生利用に係わる産業廃棄物を特定した上で再生利用業者を指定します。再生利用業者には「再生輸送業者」と「再生活用業者」があり、建設工事において発注者、元請業者とも異なる他の工事から排出される建設廃棄物の再生活用を行おうとする場合は、当該廃棄物を再生（汚泥であれば、改良）する者が再生活用業者となります。

特に、建設汚泥については個別指定の対象となるケースが多く、平成18年には、環境省課長通知「建設汚泥の再生利用指定制度の運用における考え方について」が発出されています。

(2) 一般指定

都道府県等が再生利用に係る産業廃棄物を特定した上で、当該産業廃棄物の収集若しくは運搬又は処分を行う者を一般的に指定するものです。

Q146 廃棄物の広域認定制度とはどういうものですか？

Answer.

廃棄物の広域認定制度（廃棄物処理法第15条の４の３）

　広域認定制度とは、物の製造、加工等を行う者がその販売地点までの広域的な運搬システム等を活用して、当該製品等が産業廃棄物となった場合にその処理を容易に行えるようにするための制度です。具体的には、当該産業廃棄物の処理を製造事業者が行うことにより、減量等の適正処理が確保されることが確実である者を環境大臣が認定し、産業廃棄物処理業の許可を不要とすることによって適正処理を促進するものです。

　建設廃棄物関係では、新築工事の現場等から排出される石膏ボード、ロックウール、軽量気泡コンクリート及びグラスウール製品の廃材等各種の資材メーカーがこの認定を受けています。

　認定を受けている企業と製品に関しては、環境省のホームページで閲覧できます。

http://www.env.go.jp/recycle/waste/kouiki/jokyo_1.html

Q147 建設汚泥について、個別指定制度を使って再生利用する場合の考え方を教えて下さい。

Answer.

建設汚泥の再生利用個別指定制度については、平成18年環境省課長通知「建設汚泥の再生利用指定制度の運用における考え方について」で、指定にあたっての運用の詳細を都道府県に対して提示しています。具体的な内容は以下の通りです。

- 指定の範囲は、建設汚泥の発生から再生利用場所へ搬入するまでだが、審査範囲としては、再生利用場所の工事内容の確認まで含む。
- 指定を受ける者は、指定に係る建設汚泥（又は改良汚泥）の収集運搬又は中間処理を行う者である（発生工事で脱水等の改良行為を行う場合は、発生工事の元請業者）。
- 確実に再生利用されることを担保するため、搬出・利用計画、利用用途・品質、処理工程、運搬管理体制、施工計画、保管に係る計画内容等を審査する。

なお、指定を受けた者が扱う改良汚泥については、必ずしも有償譲渡されるものではなくても、再生利用場所に搬入された時点で、建設資材として取引価値を有するもの（有価物）として扱うことができるとされています。

Q148 建設汚泥の再生利用に基準はありますか？

Answer.

建設汚泥の再生利用に関しては、環境省通知「建設汚泥処理物の廃棄物該当性の判断指針について」（環廃産発第050725002号、平成17年7月25日）において、当該該当性の判断要素の基準として次の5項目が示されています。

1．物の性状について
2．排出の状況について
3．通常の取扱い形態
4．取引価値の有無
5．占有者の意思

物の性状に関する基準では、当該建設汚泥処理物が土壌の汚染に係る環境基準、「建設汚泥再生利用技術基準（案）」（国土交通省通達）（平成18年6月12日に「建設汚泥処理土利用技術基準」として改訂）に示される用途別の品質及び仕様書等で規定された要求品質に適合していること、このような品質を安定的かつ継続的に満足するために必要な処理技術が採用され、かつ処理工程の管理がなされていること等、とされています。

また、国土交通省の「建設汚泥の再生利用に関するガイドライン」（平成18年6月12日、国土交通省事務次官通達）に、「建設汚泥処理土の利用にあたっては、処理土が満たすべき品質基準、生活環境保全上の基準等を設計図書に明確に示すこと。さらに、当該処理土が設計図書に規定したこれらの基準等を満足していることについて利用側工事の発注者が確認するとともに、利用用途に応じた適正な施工管理を行うこと。」とし、同時に通達「建設汚泥

処理土利用技術基準について」が発出され、その中で、建設汚泥処理土の土質材料としての品質区分と品質基準値、建設汚泥処理土の適用用途標準などが示されています。ガイドラインや建設汚泥処理土利用技術基準については、以下に掲載されています。
http://www.mlit.go.jp/sogoseisaku/region/recycle/fukusanbutsu/kensetsuodei/menu6.htm

　また、その内容に関しては、建設汚泥再生利用マニュアル：編著（独）土木研究所、大成出版社、平成20年12月10日に詳しく解説されています。

Q149

現場から発生したコンクリート塊を破砕処理して自ら利用したいのですが、下請に破砕処理をさせてかまいませんか？

Answer.

　コンクリート塊を自ら利用のために現場内で破砕処理をする行為は、廃棄物の中間処理に該当するため、自ら処理を行うことが原則であり、他人に処理を委託する場合は、処理業の許可を持った者に委託しなければなりません。したがって、下請であっても処理業の許可が必要となります。また、処理施設の規模によっては廃棄物処理法第15条による施設設置許可が必要となる場合があります。

　なお、木くず又はがれき類の破砕施設については、事業者に限り、当分の間、移動式がれき類等破砕施設を設置しようとする者は、施設設置許可は必要ないとされています。

Q150 中間処理業許可を取得して、コンクリート塊等の現場内再生処理を実施することは可能ですか？

Answer.

現場内で排出事業者自らがコンクリート塊等の再生処理を実施し、当該現場において再生資材を利用する行為は、廃棄物処理法上の「自ら利用」（他人に有償売却できる性状のものを排出事業者（占有者）が自ら使用することをいう）に該当します。例として移動式破砕機を用いてコンクリート塊を小割し、利用用途に応じた適切な品質にして再生砕石等として現場内で利用することが考えられます。この場合、中間処理業許可の取得は必要ないほか、がれき類の破砕施設の設置許可についても、自社の移動式破砕機を現場に設置する場合は、当面の間、許可不要とされています。

Q151 木くずの適正処理の基準等はどのようになっていますか？

Answer.

　廃棄物処理法において、産業廃棄物として処理すべき木くずは業種が限定されており、建設業（工作物の新築、改築又は除去に伴って生じたもの）、木材又は木製品の製造業、パルプ製造業及び輸入木材の卸売業から排出されるものなどが該当します。木くずは再資源化や焼却などの中間処理を行い、燃えがら等は管理型処分場に処分することになります。再資源化としては、破砕機を使って木材チップにし、遊歩道等の路盤材、緑化工事の基盤材、木質ボードの原料、有機肥料、燃料チップ、キノコ菌床、家畜敷ワラの代用などへの利用のほか、炭化装置を使い木炭粉・粒炭を利用した床下調湿材や、土壌改良材、植物育成材、健康グッズ、寝具類、畳等様々な用途に再生利用されており、新製品の開発も進められています。

　現在、昭和40年代以降に急増した建築物が更新期を迎えており、今後建設廃棄物の発生量が急増することが予想されます。建設廃棄物はこれまで混合されて排出されることが多く、不法投棄等の要因となっていると考えられたため、建設リサイクル法が制定されました。建設リサイクル法では、木くずは建設発生木材として再資源化が義務付けられています。ただし、現場から50km以内に再資源化施設が無い場合等には縮減でもよいとされています。

Q152 一般廃棄物としての木くずについて、自治体で受入困難な場合、どう対応すればよろしいですか？

Answer.

　市町村の指導のもとに、市町村から許可を受けた一般廃棄物処理業者に委託することとなります。

　なお、平成11年からは建設工事で発生する抜根、伐採材も産業廃棄物として取り扱うこととなっていますので、工事現場からは一般廃棄物としての木くずは発生しないと考えられます。

(参考)
・平成9年の政令の改正に伴い、平成11年10月17日より　工作物の新築又は改築に伴って生じた木くずは産業廃棄物に含まれる
・平成11年3月　旧厚生省通知　建設廃棄物処理指針：建設工事で発生する抜根、伐採材も産業廃棄物として取り扱うことと通知されている

Q153 コンクリートの再生利用方法はどのようなものがありますか？

Answer.

　建設リサイクル法基本方針第三項第2号(2)①において、コンクリート塊の再生利用法は、『コンクリート塊については、破砕、選別、混合物除去、粒度調整等を行うことにより、再生クラッシャーラン、再生コンクリート砂、再生粒度調整砕石等（以下「再生骨材等」という。）として、道路、港湾、空港、駐車場及び建築物等の敷地内の舗装（以下「道路等の舗装」という。）の路盤材、建築物等の埋め戻し材又は基礎材、コンクリート用骨材等に利用することを促進する。』と記載されています。

　また、建設廃棄物処理指針には、『建設汚泥及びがれき類の自ら利用にあたっては、その利用用途に応じた適切な品質を有していることが必要である』と記載されており、コンクリート製の桟橋を解体したブロックをそのまま漁礁に利用した事例もあります。

Q154 アスファルト・コンクリート塊の再生利用方法はどのようなものがありますか？

Answer.

　建設リサイクル法基本方針第三項第2号(2)③において、アスファルト・コンクリート塊の再生利用法は、『アスファルト・コンクリート塊については、破砕、選別、混合物除去、粒度調整等を行うことにより、再生加熱アスファルト安定処理混合物及び表層基層用再生加熱アスファルト混合物（以下「再生加熱アスファルト混合物」という。）として、道路等の舗装の上層路盤材、基層用材料又は表層用材料に利用することを促進する。また、再生骨材等として、道路等の舗装の路盤材、建築物等の埋め戻し材又は基礎材等に利用することを促進する。』と記載されています。

Question 155

木くずの再生利用方法はどのようなものがありますか？

Answer.

建設リサイクル法基本方針第三項第2号②において、木くずの再生利用法は、『建設発生木材については、チップ化し、木質ボード、堆肥等の原材料として利用することを促進する。これらの利用が技術的な困難性、環境への負荷の程度等の観点から適切でない場合には燃料として利用することを促進する。』とされています。

なお、建設発生木材の再資源化をさらに促進するためには、再生木質ボード（建設発生木材を破砕したものを用いて製造した木質ボードをいう。以下同じ。）、再生木質マルチング材（雑草防止材及び植物の生育を保護・促進する材料等として建設発生木材を再資源化したものをいう。以下同じ。）などについて、さらなる技術開発及び用途開発を行う必要があります。具体的には、住宅構造用建材、コンクリート型枠等として利用することのできる高性能・高機能の再生木質ボードの製造技術の開発、再生木質マルチング材の利用を促進するための用途開発、燃料用チップの発電燃料としての利用等新たな利用を促進するための技術開発等を行う必要があります。また、このような技術開発等の動向を踏まえつつ、『建設発生木材については、建設発生木材の再資源化施設等の必要な施設の整備について必要な措置を講ずるよう努める必要がある。』と記載されています。

具体的な方法としては「建設発生木材リサイクルの手引き（案）」（（独）土木研究所編著、（株）大成出版社、2005年12月10日）が参考となります。

Q156

特定建設資材廃棄物以外のものに係る再生利用について、どのように考えればよいですか？

Answer.

建設リサイクル法基本方針第三項第2号(2)(4)では、次のように記載しています。

『特定建設資材以外の建設資材についても、それが廃棄物となった場合に再資源化等が可能なものについてはできる限り分別解体等を実施し、その再資源化等を実施することが望ましい。また、その再資源化等についての経済性の面における制約が小さくなるよう、分別解体等の実施、技術開発の推進、収集運搬方法の検討、効率的な収集運搬の実施、必要な施設の整備等について関係者による積極的な取組が行われることが必要である。』

これより、特定建設資材以外の建設資材の再資源化されたものについては、建設工事の発注者及び受注者等、関係者による積極的な利用が図られることが重要となります。

Q157 建設汚泥の再生利用のための処理方法にはどのような方法がありますか？

Answer.

建設汚泥の再生利用のための処理技術としては、製品化処理技術と土質材料としての処理技術に大別できます。

主な処理技術の概要と処理後の品質についてを表に示します。

主な処理技術の概要と処理後の品質

処理技術		概　　　要	処理後の品質
製品化処理技術	焼成処理	建設汚泥を利用目的に応じて成形したものを、1,000℃程度の温度で焼成固結する処理技術	・礫・砂状を呈する
	高度安定処理	安定処理にプレス技術等を併用し強度の高い固化物を製造する処理技術。セメント等の固化材の添加量の増加によっても可能である。固化物を解砕することにより礫・砂状となる	・礫・砂状を呈する
	スラリー化安定処理	土砂に泥水（又は水）とセメント等の固化材を混練して流動性を有する処理土（流動化処理土等）を製造する処理技術。まだ固まらないコンクリートのようにポンプやアジテーター車等から流し込んで施工する。泥水として建設汚泥の利用が可能である。スラリー化安定処理には、流動化処理土、気泡混合土等がある	・スラリー状 ⇒固化 ・一軸圧縮強さで100〜500 kN/m² 程度（固化材の添加量によってはさらに高強度も可能）
土質材料としての処理技術	高度脱水処理	脱水処理土がそのまま土質材料として利用できる脱水処理技術をいう。適用可能な脱水機として、打込み圧が1.5MPa以上のフィルタープレスや真空圧を併用しセメント等の固化材を凝集剤として使用できるフィルタープレス等が開発されている	・脱水ケーキ ・コーン指数で400kN/m²以上
	脱水処理	含水比の高い建設汚泥から水を絞り出す技術。機械力を利用した機械式脱水処理と、重力などを利用した自然式脱水処理に大別される。通常、減量化や安定処理などの前処理に用いられるが、土質や利用用途によっては、	・脱水ケーキ ・コーン指数で200kN/m²程度まで（土質によっては200 kN/m²以上）

土質材料としての処理技術		脱水処理土が直接利用できる場合もある。袋詰脱水処理工法は自然式脱水処理工法に分類される	
	安定処理等	建設汚泥にセメントや石灰等の固化材により化学的に土質を改良する安定処理と無機系や高分子系の改良材により主に吸水作用による強度発現を期待する土質改良がある。両者とも施工性を改善すると同時に、強度の発現・増加を図る方法。固化材や改良材の添加量によって強度の制御が可能である	・コーン指数で200 kN/m²以上から礫・砂状を呈するものまで
	乾燥処理	建設汚泥から水を蒸発させることにより含水比を低下させ、強度を高める技術。天日乾燥などの自然式乾燥や、熱風などによる機械式乾燥がある	・乾燥の程度によっては固結状態まで可能であるが、通常はコーン指数200kN/m²程度まで
	粒度調整	細粒分の多い建設汚泥に粒度構成の異なる砂等を混合して粒度分布を変え、含水比を低下させることにより締固め特性を改善する方法。混合の方法としては、ミキサー等によるプラント混合と油圧ショベル等を利用した現場混合がある	・砂状を呈する ・不適正処分とならぬよう、適用用途に見合った改良を行うこと

委託契約

Q158
建設廃棄物の委託契約を行いたいのですが、業者選定にあたってどのようなことを確認したらよいでしょうか？

Answer.

まずは、産業廃棄物処理業の許可内容の確認が必要です。許可証の種類（産業廃棄物か特別管理産業廃棄物か、収集運搬業か処分業かの4種類）、許可の有効期限、許可自治体（収集運搬の場合は、基本的に積込み場所と積下ろし場所の都道府県知事許可が必要（当該場所が政令市で、市内に積替保管施設を有している場合は、当該市の許可）、許可品目、処理能力（特に中間処理業の場合）を確認し、自分が委託しようとする廃棄物の処理を行えるかをチェックします。

併せて、行政処分等を受けていないか、環境省のホームページなどを使って調べます。

その上で、積替え・保管や中間処理、最終処分を委託する場合は、施設を確認し、適切に管理され、処理を行っているか否かを確認することが望まれます。

また、自治体によっては、定期的な施設確認を求めるケースや、県外からの廃棄物の搬入に際し、事前の届出等を求めるケースなどもありますので、注意が必要です。

Q159 産業廃棄物の処理委託契約に係る事項について、詳細に説明して下さい。

Answer.

排出事業者は委託基準(廃棄物処理法施行令第6条の2)に従い、産業廃棄物処理業者に産業廃棄物の処理を委託することができます。

委託契約は、書面で収集運搬業者・処分業者と個別に締結することが義務付けられており、以下の事項等の記載及び書面添付が必要です。

＜主な記載事項＞
・廃棄物の種類・数量
・運搬を委託するときは運搬の最終目的地、積替え保管に係る事項
・処分・再生を委託するときは処分・再生方法、処理能力
・中間処理を委託するときは最終処分場所に係る情報
・契約の有効期間
・料金
・処理業者の場合は事業の範囲
・適正処理のために必要な情報

＜添付すべき書面＞
・処理業許可証等の写し

また委託契約書は、委託完了から5年間の保管が義務付けられています。

なお、再委託は原則禁止されていますが、やむを得ない場合に排出事業者が書面で承諾した場合に限って1回限りの再委託が認められています。この規定を適用する場合は、当該書面の写しも5年間保管します。

Q160 収集運搬業者と契約するには、どういうことに注意すればよいですか？

Answer.

排出事業者が収集運搬業者と契約する際、次の事項に注意することが必要です。

- 産業廃棄物収集運搬業許可証の提示を求め、取り扱える廃棄物の種類と許可の条件、許可の有効期限、許可自治体などを確認します。
- 産業廃棄物の発生する場所と処理する場所、それぞれの都道府県知事の許可が必要です（従来、政令市※は道府県から独立した許可が必要でしたが、平成23年の法改正で、基本的に道府県の許可を有していれば政令市でも営業可能となりました。ただし、政令市の中で積替え・保管を行っている場合は、当該市長の許可が必要です）。
- 委託しようとする廃棄物を運搬できる車両・必要台数を有しているか、確認します。
- 収集運搬業者が積替保管施設を経由して運搬する場合は、事前に施設を視察し「建設廃棄物処理指針」に沿ったものとなっているか確認します。
- 委託契約締結にあたって、委託契約書に必ず記載しなければならない事項のほか、収集運搬業者に特に指示することがあるときは、その旨を記載する必要があります。

※政令市：廃棄物処理法施行令第27条に定める市、政令指定都市（19市）、中核市（41市）及び呉市、大牟田市、佐世保市の63市が該当する（平成24年4月1日現在）

Q161 処分業者と契約するには、どういうことに注意すればよいですか？

Answer.

排出事業者が処分業者と契約する際、次の事項に注意することが必要です。

- 産業廃棄物処分業の許可証の提示を求め、取り扱える廃棄物の種類と許可条件、処理能力及び許可の有効期限などを確認します。
- 処分場を視察して許可証との照合を行い、処理の内容・能力や処理後物の性状、埋立残余量・覆土状況などの確認を行います。
- 再生利用可能な廃棄物の処分にあたっては、再資源化施設を備えている処分業者を積極的に活用するとともに、再資源化物が適正な性状（売却可能な性状）であるか否かを確認します。
- 建設混合廃棄物の処分にあたっては、できるだけ選別設備を有する中間処理施設に委託し、適正に選別が行われているかを確認します。
- 契約にあたって、収集運搬（積替え・保管）と処分とはそれぞれと契約する必要があります。また、契約書に記載すべき事項も定められていますので、十分確認して下さい。

Q162 再生処理を委託するにあたり処理委託契約書は必要ですか？

Answer.

　再生処理（再資源化）の委託であっても、中間処理の委託に該当するため、廃棄物処理法の委託基準により、委託契約は書面により行わなければなりません。また、委託契約書に記載すべき事項の中に、「処分又は再生の場所の所在地、その処分・再生の方法、その処分・再生の施設の処理能力」に係るものが含まれています。これによっても、再生処理を委託する際、処理委託契約書が必要なことがわかります。

Q163 中間処理業者に委託する際、その事業者選定方法の指針、優良業者の評価制度等はありますか？

Answer.

　平成23年4月の廃棄物処理法改正により、許可自治体が優良な産業廃棄物処理業者を認定し、許可の有効期間を7年とする「優良産廃処理業者認定制度」が創設されました。

　以下の URL で、この認定を受けた処理業者を検索することができます。
http://www2.sanpainet.or.jp/zyohou/index_u4.php

　ただし、この認定を受けている処理業者に委託する場合であっても、事前に施設を視察し、排出事業者自身の目で確認することをお薦めします。

保 管

Q164 保管量の規定について教えて下さい。

Answer.

　産業廃棄物の積替え・保管施設は平均搬出量の7日分以内、産業廃棄物中間処理施設における処分又は再生にあたっての保管は、施設の処理能力の14日分以内とされています。

　ただし建設廃棄物の処分又は再生にあたっての保管に関しては、以下のように定められています。

- 木くずの再生を行う処理施設において再生のために木くずを保管する場合は、処理能力の28日分以内
- コンクリートの破片の再生を行う処理施設においてコンクリートの破片を再生のために保管する場合は、処理能力の28日分以内
- アスファルト・コンクリートの破片の再生を行う処理施設においてアスファルト・コンクリートの破片を再生するために保管する場合は、処理能力の70日分以内

　なお、建設工事の現場内での保管については、量の規定はありませんが、囲いや掲示板の設置等が必要です。また、現場外で300m²以上の面積で排出事業者が建設廃棄物を保管する場合には、事前の届出が必要ですので、留意して下さい。

Q165

建設廃木材や建設汚泥を自ら利用する目的で現場内に保管する場合、保管の基準はあるのですか？

Answer.

　自ら利用をする予定であっても、利用されるまでは廃棄物として取り扱う必要があります。したがって、建設廃棄物の保管にあたっては、廃棄物処理法の保管基準に従わなければなりません。(廃棄物処理法施行令第6条第6号第1項第1号ホ、ヘ・第2号イ、ロ)

廃棄物の保管基準

① 飛散・流出しないようにし、粉塵防止や浸透防止等の対策をとること。

② 汚水が生ずるおそれがある場合にあっては、当該汚水による公共の水域及び地下水の汚染を防止するために必要な排水溝等を設け、底面を不透水性の材料で覆うこと。

③ 悪臭が発生しないようにすること。

④ 保管施設には、ねずみが生息し、蚊、はえその他の害虫が発生しないようにすること。

⑤ 周囲に囲いを設けること。なお廃棄物の荷重がかかる場合には、その囲いを構造耐力上安全なものとすること。

⑥ 廃棄物の保管の場所である旨その他廃棄物の保管に関して必要な事項を表示した掲示板が設けられていること。掲示板は縦及び横それぞれ60cm以上とし、保管の場所の責任者の氏名又は名称及び連絡先、廃棄物の種類、積み上げることが出来る高さ等を記載すること。

⑦ 屋外で容器に入れずに保管する場合、廃棄物が囲いに接しない場

合は、囲いの下端から勾配50%以下、廃棄物が囲いに接する場合は、囲いの内側2mは囲いの高さより50cm以下、2m以上内側は勾配50%以下とすること。

このほか、建設廃棄物の保管にあたっては以下によること。
⑧ 可燃物の保管には消火設備を設けるなど火災時の対策を講ずること。
⑨ 作業員等の関係者に保管方法等を周知徹底すること。
⑩ 廃泥水等液状又は流動性を呈するものは、貯留槽で保管する。また、必要に応じ、流出事故を防止するための堤防等を設けること。
⑪ がれき類は、崩壊、流出等の防止措置を講ずるとともに、必要に応じ散水を行うなど粉塵防止措置を講ずること。

Q166

保管量限度超過の際、超過分をどのように処理すればよいですか？

Answer.

産業廃棄物の積替え・保管施設及び中間処理施設における産業廃棄物の保管量は Q164の回答の通り定められています。この保管量を超えそうになった時点で、速やかに新しい廃棄物の搬入を停止し、適正な保管量となるよう処理する必要があります。

不適正な保管は、都道府県・政令市により改善命令の対象となり、違反した場合は罰則を受けることがあります。さらに、保管基準に適合しない保管を行い生活環境保全上の支障等が生じた場合には措置命令の対象になります。

Q167

廃棄物を現場外で保管する場合、保管場所の面積の考え方を教えて下さい。

Answer.

平成23年4月の廃棄物処理法改正で、建設廃棄物を現場外の300m²以上の保管場所で保管する場合に、事前の届出が義務付けられました。この面積は、保管の用に供される場所の面積で判断されますが、広い敷地の一部で保管する場合などは、コンテナで保管するなど、保管場所の面積が明確にわかるように区画することが必要です。

自治体によっては、ロープで囲う程度では区画と認めないケースもあるので、事前に確認して下さい。

運搬・処分

Q168 建設廃棄物を自社で運搬・処分をしたいのですがどのようにすればよいですか？また、どのようなことに注意すればよいですか？

Answer.

産業廃棄物の排出事業者（建設廃棄物の場合は元請業者）が自ら収集・運搬する場合は、収集運搬業の許可は不要です。また、自ら処分する場合も処分業の許可は不要ですが、処理施設の種類・能力によっては、施設を設置する際に都道府県知事又は政令市長等の許可が必要となります（表参照）。

産業廃棄物を収集運搬する際には、必要事項が記載された書面の携行が義務付けられているほか、運搬車両等の両側面に「産業廃棄物収集運搬車両」と排出事業者名を表示しなければなりません。表示は、定められた大きさ以上の文字で見やすく、鮮明で、識別しやすい色で明示して下さい。

なお、下請業者は排出事業者ではないため、自ら運搬・処分することはできない点に留意して下さい。

設置許可を要する産業廃棄物処理施設（廃棄物処理法第15条関係）

処理施設名		規　　模	備　　考	
1．汚泥の脱水施設		処理能力　10m³/日を超えるもの		
2．汚泥の乾燥施設	天日乾燥以外	処理能力　10m³/日を超えるもの		
	天日乾燥	処理能力　100m³/日を超えるもの		
3．汚泥の焼却施設		次のいずれかに該当するもの 処理能力　5m³/日を超えるもの 処理能力　200kg/時以上 火格子面積　2m²以上	PCB汚染物及びPCB処理物であるものを除く	
4．廃油の脱水分離施設		処理能力　10m³/日を超えるもの		海洋汚染及び海上災害の防止に関する法律第3条第14号の廃油処理施設を除く
5．廃油の焼却施設		次のいずれかに該当するもの 処理能力　1m³/日を超えるもの 処理能力　200kg/時以上 火格子面積　2m²以上	廃PCB等を除く	
6．廃酸、廃アルカリの中和施設*		処理能力　50m³/時を超えるもの	中和槽を有するものであること	
7．廃プラスチック類の破砕施設		処理能力　5t/日を超えるもの		
8．廃プラスチック類の焼却施設		次のいずれかに該当するもの 処理能力　100kg/日を超えるもの 火格子面積　2m²以上	PCB汚染物及びPCB処理物であるものを除く	
8の2．木くず又はがれき類の破砕施設		処理能力　5t/日を超えるもの		
9．特定有害産業廃棄物を含む汚泥のコンクリート固形化施設		すべてのもの		
10．水銀又はその化合物を含む汚泥のばい焼施設		すべてのもの		
11．汚泥、廃酸又は廃アルカリに含まれるシアン化合物の分解施設		すべてのもの		
11の2．廃石綿等又は石綿含有産業廃棄物の溶融施設		すべてのもの		
12．廃PCB等、PCB汚染物又はPCB処理物の焼却施設		すべてのもの		
12の2．廃PCB等又はPCB処理物の分解施設		すべてのもの		
13．PCB汚染物又はPCB処理物の洗浄施設又は分離施設		すべてのもの		
13の2．産業廃棄物の焼却施設（上記3、5、8、12に掲げるものを除く）		次のいずれかに該当するもの 処理能力　200kg/時以上 火格子面積　2m²以上		

14. 最終処分場	イ．遮断型最終処分場	すべてのもの	政令第6条第1項第3号ハ(1)～(5)及び第6条の5第1項第3号イ(1)～(6)に掲げる特定有害産業廃棄物
	ロ．安定型最終処分場	すべてのもの	廃プラスチック類、ゴムくず、金属くず、ガラスくず、コンクリートくず及び陶磁器くず、がれき類（シュレッダーダスト、廃プリント配線板、容器包装、ブラウン管、廃石膏ボード等を除く）
	ハ．管理型最終処分場	すべてのもの	イ、ロ以外の産業廃棄物

注1） ＊　放流を目的とするものを除く。
注2） 生産工程の一連のものとみなされるものについては対象外（例：汚泥の脱水施設、木くずボイラー等）

☆産業廃棄物処理施設設置者には次の事項が義務づけられています。
①産業廃棄物処理施設維持管理の技術上の基準及び許可申請書の維持管理に関する計画に基づく維持管理
②産業廃棄物処理責任者及び技術管理者の設置
③処分状況等の記録帳簿の備え付け及び保存（5年間）
④処分した廃棄物の種類・量・排ガスや排水の測定結果等の記録・保存及び関係住民への閲覧（上記表の3号、5号、8号、11の2号から14号に掲げる産業廃棄物処理施設の設置者に限る。）

Q169 収集運搬業許可について、許可が必要な自治体の考え方を教えて下さい。

Answer.

　産業廃棄物の収集運搬を受託しようとする業者は、廃棄物を積込む（＝現場のある）自治体と、積降ろす（＝処分を委託する処理施設等のある）自治体の許可が必要です。

　平成23年3月までは、この自治体として、47都道府県のほか、政令市※の長が各々独立した許可権限を有していましたが、平成23年4月の法改正により、当該都道府県の許可を有していれば、基本的に政令市の収集運搬業許可は不要となりました。

　ただし、積替え・保管施設がある政令市については、当該都道府県の許可を有していても当該市には有効ではなく、別途その市の許可が必要です。この他、都道府県では取得していない許可品目を政令市で許可されている場合や、都道府県の許可がなく、政令市の許可のみ有している場合など、経過措置として政令市の許可が有効なケースもありますので、留意して下さい。

※政令市：廃棄物処理法施行令第27条に定める市、政令指定都市（19市）、中核市（41市）及び呉市、大牟田市、佐世保市の63市が該当する（平成24年4月1日現在）

Q170 下請業者による産業廃棄物の運搬は、一切認められないのですか？

Answer.

下請業者が収集運搬業許可を有し、元請業者と収集運搬の委託契約を締結している場合は、当然のことながら、下請業者は元請業者の産業廃棄物を運搬することができます。

それ以外の場合は、基本的に下請業者が元請業者の廃棄物を運搬することは認められていません。ただし、以下の条件を全て満たす場合に限って、下請業者が排出事業者として運搬のみ行うことが認められています。

- 工事請負金額が500万円以下の維持補修工事又は請負代金相当額が500万円以下の瑕疵補修工事
- 特別管理産業廃棄物以外の廃棄物
- 1回あたりの運搬量が1m^{3}以下であることが明確な廃棄物
- 排出現場と同一県内又は隣接県内にある施設で、元請業者に所有権又は使用権原がある施設に運搬する（元請業者が処理委託契約を締結した施設を含む）
- 運搬途中に保管を行わない
- 工事請負契約に、下請業者が廃棄物を自ら運搬することについて記載し、これを証する書類を運搬車両に備え付ける
- 所定の事項を記載した書面を取り交し、運搬車両に備え付ける

なお、この場合でも、下請業者が排出事業者となるのは運搬部分のみであり、処分又は処分委託は元請業者が行うこととなります。処分を委託した施設に下請業者が運搬する場合、マニフェストは元請業者が発行しますが、交付担当者は下請業者の名前となります。

Q171 木くずをチップ化して搬送する場合、収集運搬の許可は必要ですか？

Answer.

　木くずをチップ化することによって有償で譲渡され、売却先において確実に利用されているものは、廃棄物ではないため、当該チップの収集運搬について廃棄物処理法の適用は受けません。このため、収集運搬の許可は不要です。

　なお、有償で譲渡された形態を装っても、それが実際には空き地に放置されたり山林に投棄されたりした場合には、当然に廃棄物の不適正な処理に該当し、脱法的な行為に加担した譲渡者も無許可業者への処理委託として委託基準違反等廃棄物処理法違反を問われることとなります。

マニフェスト

Q172 マニフェストの発行が必要ないのは、どんな場合ですか？

Answer.

産業廃棄物の処理を委託する場合には、量にかかわらず（少量でも）、産業廃棄物の種類ごとに、運搬先が2以上である場合には運搬先ごとに、委託に係る産業廃棄物の引渡しと同時にマニフェストを交付しなければなりません（電子マニフェストの場合は、3日以内に登録）。

自社運搬、自社処分する場合、及びもっぱら物をもっぱら業者に委託する場合等は、マニフェストを交付する必要はありませんが、運搬、処分どちらかでも処理業者に委託する場合にはマニフェストの交付が必要です。

なお、マニフェストの交付が必要ない場合は、以下の通りです（規則第8条の19第1号から第11号）。

① 国、都道府県又は市町村に運搬又は処分を委託する場合
② もっぱら物（古紙、くず鉄（古鋼などを含む）、空きびん類、古繊維）のみの処理を業として行う再生業者に当該もっぱら物のみを処理委託する場合
③ 再生利用認定制度の認定を受けた者に認定された廃棄物の運搬又は処分を委託する場合
④ 再生利用個別指定制度の指定を受けた者に指定を受けた廃棄物の運搬又は処分を委託する場合
⑤ 再生利用の広域認定制度の認定を受けた者に指定を受けた廃棄物の運搬又は処分を委託する場合

Q173 マニフェストの種類と使い方を教えて下さい。

Answer.

　マニフェストには、大きく分けて紙マニフェストと電子マニフェストの２種類があります。電子マニフェストは、JWNET（日本産業廃棄物処理振興センター）が運営するものに限られますが、紙マニフェストには、建設六団体建設副産物対策協議会が発行している「建設系廃棄物マニフェスト」と全国産業廃棄物連合会の産業廃棄物マニフェストの２種類があります。紙マニフェストと電子マニフェストの比較表を次頁に示します。

　「建設系廃棄物マニフェスト」は建設廃棄物向けで、建設事業者には使いやすいものとなっているほか、この売上げ代金の一部を建設業界として拠出する不法投棄原状回復基金に充当していることから、紙マニフェストを使用する場合は極力「建設系廃棄物マニフェスト」を使用して下さい。

　複写式の７枚綴りとなっていますが、収集運搬を再委託するか否か、中間処理を委託するか最終処分を委託するかによって、運用方法が異なりますので、使用にあたっては「建設系廃棄物マニフェストのしくみ」を参考にして下さい。図に、収集運搬が１社、中間処理を委託する場合のマニフェストのフローを示します。

※「建設系廃棄物マニフェスト」、「建設系廃棄物マニフェストのしくみ」は、各都道府県の建設業協会（一部）及び産業廃棄物協会で購入できます。

紙マニフェストと電子マニフェストの運用の違い

項目	紙マニフェスト	電子マニフェスト
マニフェストの交付・登録	排出事業者が、受託者（収集運搬業者または処分業者）にマニフェスト情報を記載した紙マニフェスト（A～E票）を交付（廃棄物を引き渡す際） 収集運搬業者はその場でマニフェストに署名し、7枚のうちA票を排出事業者に返す。排出事業者はA票を保存	排出事業者が、情報処理センターにマニフェスト情報をパソコンを使って登録（廃棄物を受託者に引き渡した日から3日以内）
運搬終了報告	収集運搬業者が、排出事業者に運搬終了日等を記載したB2票を送付（運搬終了後10日以内）	・収集運搬業者が、情報処理センターに運搬終了日等をパソコンを使って報告（運搬終了後3日以内） ・情報処理センターが排出事業者に運搬の終了を通知
処分終了報告	・処分業者が、排出事業者に処分終了日等を記載したD票を送付（処分終了後10日以内） ・処分業者が、収集運搬業者に処分終了日等を記載したC2票を送付（処分終了後10日以内）	・処分業者が、情報処理センターに処分終了日等をパソコンを使って報告（処分終了後3日以内） ・情報処理センターが排出事業者に処分の終了を通知
最終処分終了報告	・最終処分業者が、中間処理業者に最終処分終了日等を記載したE票を送付（最終処分終了後10日以内） ・中間処理業者が、排出事業者に最終処分終了日等を記載したE票を送付（最終処分処理業者からE票受取後10日以内）	・最終処分業者が、情報処理センターに最終処分終了日等をパソコンを使って報告（最終処分終了後3日以内） ・情報処理センターが、中間処理業者と排出事業者に最終処分終了日等を通知
マニフェストの保存	排出事業者はA・B2・D・E票を、収集運搬業者はC2票を、処分業者はC1票を各5年間保存	情報処理センターがマニフェスト情報を保存
前年度分の交付状況報告書の提出	毎年6月末までに前年度分のマニフェスト交付状況に関する報告書（「産業廃棄物管理票交付等状況報告書」）を関係する都道府県又は政令市に提出	不要

（JWNETパンフレットを加筆修正）

(ⒶB2ⒹⒺ) 排出事業者

(C1) 中間処理業者

⑧ Ⓔ
⑦ Ⓓ

① ⒶB1B2C1C2ⒹⒺ
② Ⓐ
⑤ B2
③ B1B2C1C2Ⓔ
④ B1B2
⑥ C2
ⒹⒺ

(B1C2) 収集運搬業者

最終処分業者

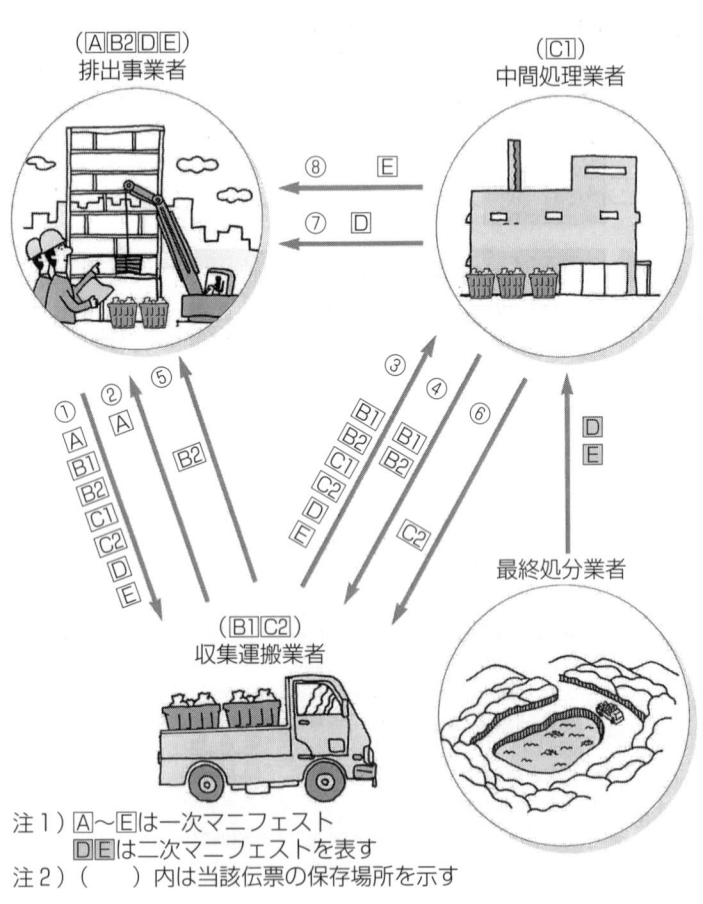

注1) Ⓐ〜Ⓔは一次マニフェスト
ⒹⒺは二次マニフェストを表す
注2) ( ) 内は当該伝票の保存場所を示す

図　マニフェストのフロー

① A、B1、B2、C1、C2、D、E票（排出時）
　排出事業者は、7枚複写の伝票に必要事項を記入し、廃棄物とともに7枚全部を収集運搬業者の担当者に渡す。

② A票
　収集運搬業者は、運搬担当者欄に運搬受託者名（会社名）と収集運搬担当者（運転手の氏名）のサイン（又は押印）、運搬受託者欄の車番・車種を記入し、A票を排出事業者に渡す。

③ B1、B2、C1、C2、D、E票（引渡時）
　収集運搬業者は、廃棄物の運搬を終了した際、B1、B2、C1、C2、D、E票の「運搬の受託（1）」欄に運搬終了日を記入し、廃棄物とともに中間処理業者の担当者に渡す。

④ B1、B2票
　中間処理業者は、廃棄物の受領した際、B1、B2、C1、C2、D、E票の「処分の受託（受領）」欄に受領日及び処分受託者（会社名）を記入の上受領担当者がサイン（又は押印）し、B1、B2票を収集運搬業者に渡す。

⑤ B2票
　収集運搬業者は、B1票を自らの控えとして保存するとともに、運搬終了後10日以内にB2票を排出事業者に返送する。

⑥ C2、D票（処分終了時）
　中間処理業者は、廃棄物の処分を終了した際、C1、C2、D、E票の「処分の受託（処分）」欄に処分終了日及び処分受託者（会社名）を記入の上処分担当者がサイン（又は押印）し、処分終了後10日以内にC2票を収集運搬業者に返送する。

⑦ D票（処分終了時）
　中間処理業者は、廃棄物の処分を終了した際、10日以内にD票を排出事業者に返送する。*
　* 排出事業者がマニフェストを交付した日から90日以内であること（特別管理産業廃棄物については60日）

⑧ E票（最終処分終了確認時）
　中間処理業者は、排出事業者から受託した廃棄物について、最終処分（再生を含む）の委託先すべてから最終処分（再生を含む）が終了した報告を受けた際（2次マニフェスト*1のD、E票の返送を受けた時）、C1、E票の「最終処分終了日」欄及び「最終処分を行った場所」欄に必要事項を記入する。また、最後の最終処分終了の報告を受けたとき（最後の2次マニフェスト*1のD、E票の返送を受けた時）から10日以内に、E票を排出事業者に返送する*2とともに、C1票を自らの控として保存する。
　*1 2次マニフェスト：中間処理業者が最終処分等を委託する際に交付するマニフェスト
　*2 排出事業者がマニフェストを交付した日から180日以内であること

（建設業廃棄物マニフェストのしくみより）

Q174 マニフェストシステムとはどういう仕組みですか？

Answer.

　マニフェストシステムとは、排出事業者が産業廃棄物の処理を他人に委託する際に、産業廃棄物の種類、数量、性状、荷姿、収集運搬業者名、処分業者名、取扱い上の注意事項などを「産業廃棄物管理票（マニフェスト）」に記載し、収集運搬を委託した業者に交付することにより、産業廃棄物の最終処分までが適正に行われたことを確認するための仕組みです。

　マニフェストには、マニフェスト伝票を活用する紙マニフェストと、電子データを活用する電子マニフェストがあり、排出事業者が処理を他人に委託する際には、マニフェストを交付登録することが義務付けられています。また平成23年４月の法改正により、処理業者も、マニフェストの交付を受けずに産業廃棄物の処理を受託することができなくなりました（電子マニフェストを使用する場合は除く）。

Q175 電子マニフェストの仕組みはどのようになっていますか？

Answer.

　マニフェストに係る情報を管理する情報処理センター(JWNET)が(財)日本産業廃棄物処理振興センター内に設けられており、電子マニフェストを利用しようとする排出事業者、収集運搬業者、処分業者は、JWNETに加入することにより電子マニフェストシステムの利用が可能となります。排出事業者は、委託する産業廃棄物の種類や数量、収集運搬業者名、処分業者名等をJWNETに登録し、収集運搬業者及び処分業者は、運搬又は処分が終了したときに、その旨をJWNETに報告する仕組みとなっています。

　したがって、1回の委託に係る排出事業者・収集運搬業者・処分業者の全てがJWNETに加入していることが必要です（ただし、2次処理にのみ係る収集運搬業者・最終処分業者等の加入は必須ではありません）。

　電子マニフェストのイメージ図を下に示します。

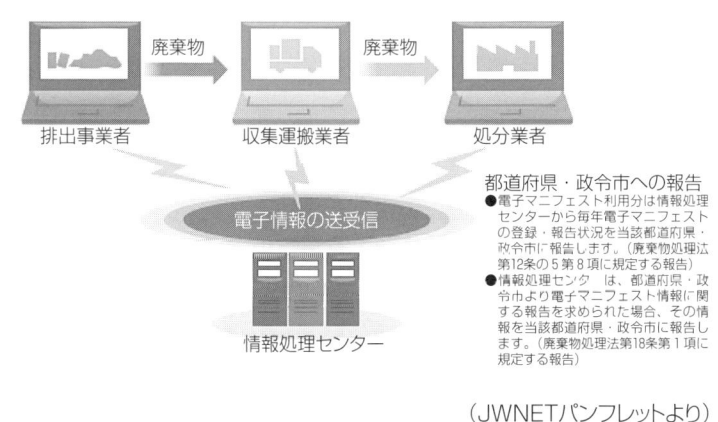

都道府県・政令市への報告
● 電子マニフェスト利用分は情報処理センターから毎年電子マニフェストの登録・報告状況を当該都道府県・政令市に報告します。（廃棄物処理法第12条の5第8項に規定する報告）
● 情報処理センターは、都道府県・政令市より電子マニフェスト情報に関する報告を求められた場合、その情報を当該都道府県・政令市に報告します。（廃棄物処理法第18条第1項に規定する報告）

（JWNETパンフレットより）

電子マニフェストの仕組み

Q176

マニフェストが返送されてこない場合や、返送されてきたマニフェストに記載不備があった場合、どのように対応すればよいのでしょうか？

Answer.

マニフェスト交付後90日（特別管理産業廃棄物は60日）を過ぎてもB2票、D票が返送されない場合、及びマニフェスト交付後180日（特別管理産業廃棄物は90日）を過ぎてもE票が返送されない場合は、処理業者に照会し、照会しても返送が見込めない場合は、処分等の状況を把握した後、30日以内に「措置内容等報告書」（様式第四号）を用いて都道府県、政令市に報告しなければなりません。また、マニフェストの記載に不備がある場合、虚偽の記載がある場合などについても、改善が見込めない場合、「措置内容等報告書」を用いて同様に報告しなければなりません。

Q177

マニフェストの交付や管理について、違反した場合どのような罰則がありますか？
また、マニフェストの書き間違えがあった場合は、虚偽の記載となるのでしょうか？

Answer.

マニフェストについては、廃棄物処理法で下表の通り不交付、記載事項不備、虚偽記載、保存義務違反に関する罰則が定められています。

なお、マニフェストの書き間違えがあった場合は、虚偽記載には該当しませんが、記載事項不備に該当することになります。

さらに、処理業者において不法投棄などの不適正処理が生じた際には、排出事業者が原状回復のための措置命令の対象となる場合があります。

違反内容	罰則（6か月以下の懲役又は50万円以下の罰金）	措置命令
マニフェストの不交付	○	○
マニフェストの記載事項不備	○	○
マニフェストの虚偽記載	○	○
マニフェストの保存義務違反（A票は5年間の保存必要）	○	○
マニフェストが返送されない場合の適切な措置	—	○

Q178

解体工事現場や個人住宅の建築等の現場で廃棄物を排出する時、管理者がいない場合には、マニフェストの交付についてどのように対応したらよいですか？

Answer.

建設廃棄物は、通常、現場で収集運搬業者に引き渡されることになります。この際、排出事業者がマニフェストを交付しなければなりませんので、現場の廃棄物管理者がいない場合も元請業者の担当者が産業廃棄物の引渡しとマニフェストの交付を行うことになります。

電子マニフェストを利用する場合は、廃棄物の排出から3日以内に登録することが必要です。

Q179

建設発生土の運搬、処分を委託する場合、マニフェストの交付は必要ですか？

Answer.

建設発生土は、建設副産物ですが廃棄物ではないのでマニフェストの交付は不要です。

マニフェストの交付が不要といっても元請業者は、建設発生土が適正に処理されているかについての管理責任はあります。不法投棄した建設廃棄物を建設発生土で覆い隠すような悪質なケースも散見されます。建設発生土の運搬処理を委託する場合は、信頼のおける優良な業者選択が大切です。

Q180

自社再資源化施設等に廃棄物を持ち込む場合、収集運搬、再資源化等の許可は必要ですか？

Answer.

施工者が排出事業者に該当し、自ら運搬して自社施設で処理を行うのであれば、廃棄物処理法の処理業の許可は不要です。（下請業者の場合、排出事業者に該当しないため、業の許可を必要とします。また、自社施設でも他人の廃棄物を自社のものと併せて受け入れる場合には、業の許可が必要です）

ただし、自社施設に廃棄物を持ち込む場合であっても、運搬を行う者が排出事業者に該当しない場合には、その運搬者は排出業者から廃棄物の収集運搬の委託を受けることとなり、産業廃棄物収集運搬業の許可を受けている必要があり、収集運搬に関して委託契約の締結と産業廃棄物管理票（マニフェスト）の交付（または電子マニフェストの登録）が必要となります。

また、再資源化を行う施設が建設廃棄物の破砕施設（排出事業者が現場に設置する移動式のものを除く）である等、廃棄物処理法上の許可対象施設（Q168参照）である場合には、自社処理施設であっても廃棄物処理法の施設設置の許可を必要とするので注意して下さい。

Q181

広域認定制度を用いて建設廃棄物を再生利用する場合、マニフェストは必要ですか？

Answer.

広域認定制度の認定証に記載されている輸送業者を利用する場合は、マニフェストは必要ありません。

認定証に記載されていない収集運搬業者を利用する場合は、運搬部分のみマニフェストで管理する必要があります。

Q182

個別指定制度を用いて、建設汚泥をリサイクルする場合、マニフェストは必要ですか？

Answer.

個別指定制度を活用し、再生輸送業者が運搬する場合はマニフェストの交付は不要となりますが、国土交通省のガイドライン（通達）においては、「建設汚泥リサイクル伝票」を作成し、搬出先、運搬数量等を確認し、記録しなければならないとされています。ただし、都道府県等によってはマニフェストを用いることを指導される場合があるので、事前に都道府県に確認しておく必要があります。

Q183

同一排出事業者の他現場で建設汚泥の自ら利用をする場合、マニフェストは必要ですか？

Answer.

同一排出事業者の他現場に運搬する場合には、まだ、産業廃棄物である建設汚泥を公道を走行して運搬することになり、排出事業者がこの運搬を他人に委託するにあたっては、産業廃棄物収集運搬業の許可を有する業者と委託契約を締結し、マニフェストを交付しなければなりません。また、発生現場で改良した建設汚泥処理土を運搬する場合においても、利用される前の段階であることから、産業廃棄物として取り扱う必要があり、産業廃棄物収集運搬業の許可を有する業者と委託契約を締結し、マニフェストを交付しなければなりません。

Q184

工事現場で下請業者が既設のコンクリートを撤去して収集運搬業者のトラックに積み込みましたが、マニフェストは、誰が交付するのでしょうか？

Answer.

工事現場で下請業者がコンクリート塊を撤去した場合でも排出事業者としての責任は元請業者にありますのでマニフェスト伝票への記入と交付は元請業者の社員が実施しなければなりません。

適正処理

Q185 PCBを使用した使用済みの電気機器の取扱いはどうしたらよいですか？

Answer.

　PCB油は、コンデンサー、変圧器などの絶縁油として使用されていましたが、昭和47年からPCB使用電気機器は製造が中止されています。

　使用中、または使用を終える電気機器にPCBが含まれていることが判明した場合、機器の保有者（発注者）は、電気事業法（電気関係報告規則）に基づいて、所管の産業保安監督部（産業保安監督署）に届け出なければなりません。また、PCB廃棄物特別措置法（ポリ塩化ビフェニル廃棄物の適正な処理の推進に関する特別措置法）に定める内容は以下の通りです。

・機器の保有者は、毎年度PCB廃棄物の保管及び処分の状況を都道府県・政令市に届け出なければなりません。
・平成28年7月15日までに処分しなければなりません※。なお、日本環境安全事業㈱（JESCO）による全国で5か所の処理施設が設けられています。（図参照）
・PCB廃棄物の発注者から建設業者などへの譲渡は禁じられています。（3年月以下の懲役若しくは1千万円以下の罰金）

　また、廃棄物処理法に定める内容は以下の通りです。

・保有者による特別管理産業廃棄物管理責任者の設置
・保管基準（保管表示、立入禁止措置、漏出防止措置、揮発防止措置）の遵守

※平成24年7月現在、環境省で期限を見直し中

---

(1) 昭和47年以降（平成元年頃まで）に製造された重電機器にも微量

のPCBが含まれている場合があり、保有者により保管する必要があります。このような機器については、国の認定する（無害化処理認定制度に基づく）施設において処理することになります。なお、PCB含有量が0.5mg／リットル以下であればPCB廃棄物に該当しないため、産業廃棄物（廃油）として処理できます。

(2) 都道府県、政令市によっては、独自に届出・報告事項などを設けている場合がありますので、確認する必要があります。

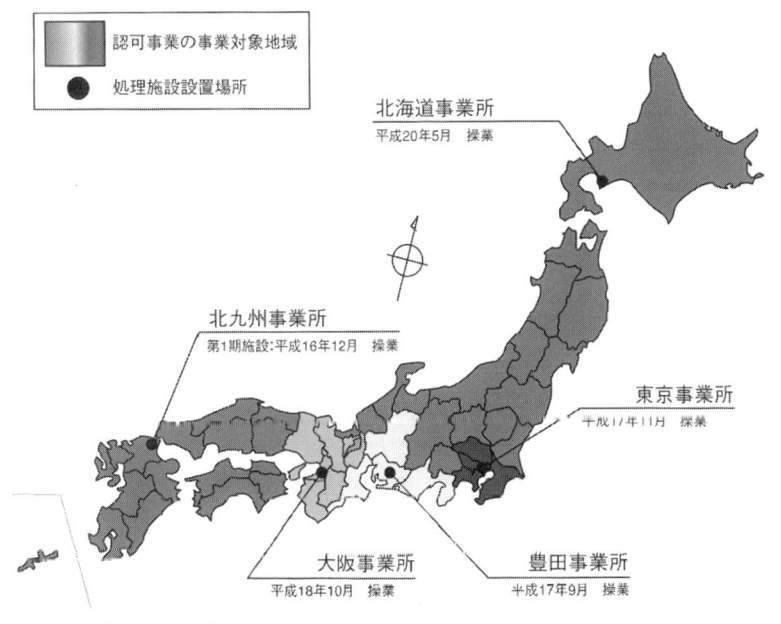

（出典：建築物の解体等に伴う有害物質等の適切な取扱い、2011年1月、建設副産物リサイクル広報推進会議）

図　PCB廃棄物処理施設の設置場所

Q186

現場で発生したコンクリート塊、アスファルト・コンクリート塊をそのまま現場内で埋立処分することは可能ですか?

Answer.

　現場内でコンクリート塊、アスファルト・コンクリート塊等を利用したい場合は、破砕、粒度調整等により再資源化を行うことによって、再生砕石等として現場で埋戻し材、盛土材等に利用することができます。なおこの際、現場で移動式の破砕施設を排出事業者が設置する場合は、廃棄物処理法の施設設置許可は不要です。

　ただし、現場で発生したコンクリート塊等をこれらの処理を行わずにそのまま現場内で埋め立てることは、産業廃棄物を不適正に埋立処分することとなり、不法投棄となります。また、当該建設工事が建設リサイクル法の対象建設工事であった場合、コンクリート塊、アスファルト・コンクリート塊等を現場内に埋立処分するという行為は、特定建設資材廃棄物の再資源化等の義務付けに反するため、建設リサイクル法上においても違法行為となります。

Q187 特別管理産業廃棄物の処理にあたって注意することについて教えて下さい。

Answer.

特別管理産業廃棄物の処理について、排出事業者が実施すべき主な内容は以下の通りです。

・特別管理産業廃棄物の排出事業者は、事業場（原則として作業所）ごとに特別管理産業廃棄物管理責任者を置かなければならない。

・特別管理産業廃棄物の処理を他人に委託する場合、特別管理産業廃棄物の収集運搬業者又は処分業者に委託しなければならない。

・排出事業者は、特別管理産業廃棄物の処理を委託しようとする処理業者に対し、あらかじめ、以下の事項を書面で通知しなければならない。

　・廃棄物の種類、数量、性状及び荷姿
　・廃棄物を取り扱う際の注意すべき事項

・排出事業者は、特別管理産業廃棄物を自己処理する場合には、事業場（原則として作業所）ごとに帳簿を備え、廃棄物の種類ごとに毎月末までに前月中における必要事項を記載しなければならない。この帳簿は1年ごとに閉鎖し、閉鎖後5年間保存しなければならない。

Q188

石綿含有建材（石綿含有成形版等）を切削した場合の廃棄物処理法上の処理方法はどのようにすればよいのですか？

Answer.

　特別管理産業廃棄物の廃石綿等については、石綿吹付け材、石綿含有保温材、石綿含有耐火被覆材、及び石綿除去に用いられたシート、作業衣、集塵フィルター、防じんマスク等が該当すると定められているため、石綿含有建材の切削くずは、石綿含有産業廃棄物に該当することになると考えられます。その場合は、袋詰めした上で埋立処分するか、無害化認定施設等で処理することができます。実際の対応に際しては、事前に環境部局等と相談して下さい。

④ Recycle

その他

Q189 平成23年4月の廃棄物処理法改正の概要を教えて下さい。

Answer.

平成23年4月の廃棄物処理法改正のうち、建設廃棄物に関係する主な改正項目は以下の通りです。

(1) 主として排出事業者に関連する事項
  ・建設廃棄物の処理責任を元請業者に一元化
  ・事務所外での自ら処理における帳簿の備え付けの義務付け
  ・建設廃棄物の事業所外の保管の事前届出(一定面積以上)
  ・マニフェストA票の5年間保存を義務付け
  ・多量排出事業者の処理計画に関する罰則の創設
  ・委託した廃棄物の処理状況確認の努力義務
  ・廃石綿等の埋立処分基準の見直し
  ・不法投棄等の量刑を最大1億円から3億円に引き上げ

(2) 主として処理業者に関連する事項
  ・マニフェスト未交付での廃棄物の受託禁止
  ・産業廃棄物収集運搬業許可の合理化
  ・処理困難通知の義務付け
  ・優良な産業廃棄物処理業者の特例制度

Q190 CCA処理木材はどのように判断したらよいですか？また、どのような処理施設に搬入したらよいですか？

Answer.

　CCA処理木材（クロム、銅、砒素を主成分とする薬剤により防腐・防蟻処理された木材）は1963年に日本工業規格（JIS）が制定され、1965年頃から市場に出回るようになり、1978年以降住宅へのCCA処理木材の使用が急速に拡大しました。しかし1997年以降は、水質汚濁防止法で砒素の排出基準が強化されたことなどを契機としてCCA処理木材の生産は激減しています。したがって1965年から1997年に建設された木造住宅の床回りの土台や根太部分等にはCCA処理木材が使用されている可能性が高いといえます。この年代から大きく異なる時期の建造物ではCCA処理木材の使用の可能性は低いでしょう。

　また、適正処理の方法としては、CCA処理木材は焼却することにより有害ガスが発生したり、焼却灰に有害物が含有したりすることが考えられます。そのため他の木材と分別して適正な焼却又は管理型最終処分場において埋立処分することが必要です。

　これだけの情報では、判別する情報としては不十分のため、試薬等による判別方法を紹介します。

【試薬による判別方法】

　「家屋解体工事おけるCCA処理木材分別の手引き」北海道立林産試験場

　判別する部位を露出して表面の汚れを除去し、試薬（クロムアズロールS）を塗布して発色状況で判断します。

【専用機器による判別方法】

携帯型反射式近赤外線木材判別装置を使用します。

上記の試薬による判別や専用機器による判別の詳細については、それぞれ開発したところに確認を行って現場に即した方法を選定して下さい。

Q191 石膏ボードの処理はどのようにしたらよいですか？

Answer.

　石膏ボードは、石膏板の両面にやや厚手の紙を貼りつけたもので、軽くて、切りやすく、釘打ちも簡単なので、壁下地（壁にクロスを貼る場合などの下地）として多用されています。特に防火性に優れ、準不燃材料の代表的なものとして活用されています。

　新築の工事で発生した廃石膏ボードは、広域認定制度を活用してメーカーに引き取ってもらうことができます。

　また、解体から発生したものでも土質改良材などに再生利用している中間処理業者もあります。

　従来、石膏ボードは安定型処分場に処分されていましたが、平成11年6月より管理型埋立処分場に処分することになりました。さらに、中間処理により紙と分離した石膏部分についても硫化水素ガスを発生させる恐れがあることから平成18年より管理型処分をしなければならなくなりました。また、一部ですが有害物（砒素・カドミウム・アスベスト）を含有した石膏ボードが製造されていた経緯があり、石膏ボードが用いられている建物を解体する場合には、製品に表示されている工場記号等により有害物質を含んだ製品かどうかを確認する必要があります。

　国土交通省から解体時の取扱いに関するマニュアルが出されているので、参照して下さい。

Q192 建築物の解体に伴って、どのような有害な廃棄物が発生しますか？

Answer.

建築物の解体工事で発生する恐れのある有害廃棄物、及びその取扱いに注意が必要な廃棄物には次のようなものがあります。

1）特別管理産業廃棄物

(1) 廃石綿等
- 石綿（アスベスト）は、耐火被覆用、吸音・結露防止用等多くの用途に使用されていますが、発ガン性物質であることから、吹付石綿については昭和50年以降使用禁止となっています（ロックウール吹付材については昭和50年以降のものでも5%以下の含有の可能性がある）。
- したがって、建築物の解体・改修等において、吹付石綿（ロックウール吹付材の場合は事前に含有量調査が必要）の除去を伴う場合には、作業員の労働安全・大気環境・廃棄物処理に十分留意し、廃棄物処理法に基づく適正な処理が必要です。

(2) PCB含有廃棄物
- PCBを含むものとしてはコンデンサー、トランス、蛍光灯の安定器等があります（微量PCB混入機器を含む）。
- PCBは特別管理産業廃棄物の「特定有害産業廃棄物」に該当します。
- PCBの処理方法として「焼却（高温熱分解処理）」や分解等があります。平成13年に「PCB廃棄物の適正な処埋の推進に関する特別措置法」が施行され、平成28年までに処分するとし※、現在拠点的広域処理施設が全国5ヶ所で稼働しています。

2）その他取扱いに注意が必要な廃棄物

(1) 石綿含有産業廃棄物

　石綿含有産業廃棄物に関しては、粉砕することによりアスベスト粉塵が飛散する恐れがあるので、粉砕しないよう解体するとともに、できるだけ直接埋立処分することが重要です。

(2) CCA 処理木材

　防腐・防蟻のため木材に CCA（クロム、銅及びヒ素化合物系木材防腐剤をいう）を注入した部分（以下「CCA 処理木材」という）については、不適正な焼却を行った場合に有毒ガスであるヒ素が発生するほか、焼却灰に有害物である六価クロム及びヒ素が含まれることとなります。このため、CCA 処理木材については、それ以外の部分と分離・分別し、それが困難な場合には CCA が注入されている可能性がある部分を含めてこれをすべて CCA 処理木材として適正な焼却及び埋立を行う必要があります。

(3) 廃石膏ボード

　一部の製造工場からヒ素やカドミウムを含んだ石膏ボードが製造され出荷されたので、それらを確認して区分し、管理型処分場への適正な処分が必要です。（社）石膏ボード工業会や国交省から解体時の取扱いに関するマニュアルが出されているので、それらを参照して下さい。

(4) フロン使用機器

　フロンは冷凍機や空調機の冷媒として使用されています。フロン自体は一般的に常温では気体であり、廃棄物処理法で定義している廃棄物には該当しませんが、フロン回収・破壊法に基づき、解体に先立ち回収し、破壊処理を行うことが必要です。なお、ハロン消火設備に使用されてい

るハロンについても、事前に回収することが望まれます。

(5) 蛍光管

蛍光管は破損すると水銀が流出するので、事前に撤去し、水銀回収を行う中間処理施設、又は水銀再生業者に処理を委託することが必要です。

(6) 臭化リチウム（吸収式冷凍機の冷媒）

六価クロムを含有している場合、特別管理産業廃棄物となるため、解体に先立ち回収し、無害化処理を行うことが必要です。

(7) その他

工場などの解体工事などでは、掘削土や廃水処理施設などいろいろな有害物質を含有する場合があるので、事前に試験所などで分析調査をする必要があります。

※平成24年7月現在、環境省で期限を見直し中

Q193

地下水位以下の掘削工事で発生した掘削土を工事に有効利用するにはどのような点について考慮すればよいでしょうか？

Answer.

　水に浸かった状態で練り返した粘性土などを、盛土等に直接利用することは物理的に好ましくありませんので、乾燥や固化処理などの土質改良を行って利用します。工事によっては、掘削土の状態を良好に保つために、しっかりとした土留め工の施工などが必要となる場合もあります。

　なお、湧水が多いなどの理由からディープウエル工法などにより地下水位を低下させる工法を用いる場合は、周辺の地盤沈下や井戸の水質、水位などへの影響の有無を確認する必要があります。

　建設廃棄物処理指針では地山掘削されたものは、建設汚泥ではないとされていますが、自治体によっては地山掘削であっても泥状を呈していれば産業廃棄物の建設汚泥とする所があるので確認が必要です。

　また、建設廃棄物処理指針に示す通り、アースドリル工法、リバースサーキュレーション工法などを採用する場合は、掘削土が建設汚泥に該当するか否かの確認が必要となります。

　掘削土が産業廃棄物となった場合は個別指定制度や自ら利用などの方策で利用することが可能です。（Q144、Q145、Q157参照）

Q194 アスベストの処理について注意することはなんですか？

Answer.

アスベストを含む建材のうち、飛散性アスベストは特別管理産業廃棄物の廃石綿等として、非飛散性アスベストは石綿含有産業廃棄物として取り扱わなければなりません。また、解体工事、改修工事に際しては、石綿則、労働安全衛生法、大気汚染防止法に施工時の措置や届出などの実施事項が定められています。

1）廃棄物処理法

廃石綿等及び石綿含有産業廃棄物の取扱い等の詳細については石綿含有廃棄物等処理マニュアルに記載されています。（環廃対発第110331001号・環廃産発第110331004号、平成23年3月31日、石綿含有廃棄物等の適正処理について、別添、石綿含有廃棄物等処理マニュアル（第2版））

主な内容は以下の通りです。

① 廃石綿等

a）「廃石綿等」の定義
- 吹付け石綿を除去したもの
- 以下の石綿を含む建材を除去したもの
  - 石綿保温材、けいそう土保温材、パーライト保温材
  - 石綿が飛散するおそれのある保温材、断熱材、耐火被覆材
- 石綿建材除去事業に用いられ石綿が付着しているおそれのある防じんマスク、作業衣等

b）元請業者の実施事項
- 保管場所掲示板（縦横60cm以上）を設置し、飛散しないように保管（固形化、薬剤による安定化その他これらに準じる措置

        の後に、耐水性の材料で2重に梱包)
    ・「廃石綿等」を許可品目とする処理業者に委託
    ・特別管理産業廃棄物管理責任者（有資格者）を選任
    ・帳簿の備え付けと5年間の保存
  c）処分の方法（処分基準）
        あらかじめ、固形化、薬剤による安定化その他これらに準じる措置の後に、耐水性の材料で2重に梱包し、管理型処分場内の一定の場所において、分散しないように埋立処分、又は溶融、無害化処理
② 石綿含有産業廃棄物
  a）「石綿含有産業廃棄物」の定義
        工作物の新築、改築又は除去に伴って生じた廃石綿等以外の産業廃棄物であって、石綿を0.1％を超えて含有するもの
       （例）石綿含有ビニル床タイル（Pタイル）、石綿含有スレートなど
  b）元請業者の実施事項
    ・保管場所掲示板（縦60cm以上）石綿含有産業廃棄物が含まれる旨を記載
    ・仕切りを設ける等、他のもの混合するおそれのないように保管
    ・保管時は、覆いを設けること、梱包することなどの飛散防止措置
    ・委託契約書に石綿含有産業廃棄物を含む旨を記載し、マニフェストにその旨と数量を記載
  c）処分の方法（処分基準）
    ・安定型処分場又は管理型処分場の一定の場所に分散しないように埋立処分、又は溶融、無害化処理
    ・中間処理としての破砕禁止

2）関連法令

石綿（アスベスト）を含む建材の除去作業等については、下表の通り、石綿障害予防規則、大気汚染防止法により規制されています。

① 石綿障害予防規則（労働安全衛生法）

　建築物の解体・改修工事に伴う石綿含有建材の除去等の作業に際しては、事前調査、作業の届出、有資格者の選任、保護具の着用、隔離等の措置などが定められています。

② 大気汚染防止法

　特定建設材料（吹付け石綿、石綿を含有する保温材、断熱材、耐火被覆材）が使用されている建築物等を解体、改造、補修（除去、封じ込め、囲いこみ）をする作業については、14日前までの届出が義務付けられています。

		レベル1	レベル2	レベル3
		石綿含有吹付け材	保温材・断熱材・耐火被覆材	その他の成形板等
		掻き落としによる除去 / 封じ込め・囲い込み	掻き落とし・破砕等による除去 / 掻き落とし・破砕等によらない除去 / 封じ込め・囲い込み	
事前調査		事前調査の義務付け、石綿含有が不明な場合は分析も義務付け		
作業計画		作業計画作成（作業方法、飛散防止措置、ばく露防止措置を含む）		
届出	安衛法	耐火建築物等工事計画届		
	石綿則	上記以外の建築物工作物	建築物・工作物・建築物解体等作業届	
	大防法		建築物・工作物・特定粉じん排出等作業実施届	
石綿作業主任者		石綿作業主任者技能講習修了者から選任（06年3月以前の特化則修了者も可）		
特別教育		すべての作業員に特別教育を受講させる		
石綿健康診断		常時石綿を取り扱う作業には雇用時及び6ヶ月に1回受診させる		
措置	標識掲示	近隣へのお知らせ看板の掲示（大防法）		看板掲示（厚生労働省指導）
		立入禁止、飲食・喫茶禁止、作業主任者職務、石綿取扱い注意看板の掲示		
	飛散防止措置	湿潤化（大防法・石綿則）		湿潤化（石綿則）
	ばく露防止措置	隔離・負圧除じん・セキュリティーゾーンの設置（大防法・石綿則）	周辺の養生（大防法） / 当該作業員以外立入禁止	関係者以外立入禁止
		呼吸用保護具・保護衣の使用		保護具・作業衣
廃棄物処理（廃掃法）		特別管理産業廃棄物（廃石綿等）として処理（埋立・溶融・無害化処理） 元請業者が特管産廃管理責任者を設置		石綿含有産業廃棄物（ガレキ類等）、原則破砕禁止（安定型埋立・溶融・無害化処理）
作業記録		当該作業に従事しなくなってから40年間保存		

＊特記のないものは安衛法／石綿則の規定
＊封じ込め・囲い込みについては、その内容により本表に該当しない場合があるので注意してください

解体・改修工事におけるアスベスト関連規制事項
（出典：よくわかる建設リサイクル、2011年度版、建設副産物リサイクル広報推進会議）

Q195 自然由来の基準超過土壌は工場跡地の汚染土壌と同じ取扱いをしなければならないのですか？また汚染土壌の処理施設、受入施設はどのように探したらよいですか？

Answer.

　平成22年4月の土壌汚染対策法改正により、自然由来であっても、同法の対象となりました。ただし、有害物質を取り扱っていた特定施設を廃止する場合には土壌調査が必須であったり、過去にそうした施設があった土地で3,000m²以上の土地の形質変更を行う場合には、知事から土壌調査を命じられるのに対し、自然由来の基準超過の恐れがあるというだけでは、土壌調査を命じられるとは限りません。

　実際に、自然由来の基準超過があることが判明した場合は、土壌汚染対策法上の汚染土壌ではない場合にも、同法に則り、土壌汚染処理業許可を取得している施設で処理することが望まれます。許可を取得していない施設に処理を委託する場合は、専門家等に十分相談するとよいでしょう。

　なお、自然由来であっても、土壌汚染対策法の適用を受けた場合は、人為由来の汚染の場合と同じ取扱いをしなければなりません。

　汚染土壌処理業許可施設は、環境省のHPに掲載されていますので、参考にして下さい。
http://www.env.go.jp/water/dojo/law/gyousya.pdf

○都道府県の産業廃棄物行政担当部局一覧

(平成24年5月1日現在)

都道府県	部(局)名	課(室)係名	電話番号	FAX番号
1 北海道	環境生活部	循環型社会推進課	(011)204-5198, 5199	(011)232-4970
2 青森県	環境生活部	環境政策課	(0177)34-9248	(017)734-8065
3 岩手県	環境生活部	環境保全課	(019)629-5268	(019)629-5364
4 宮城県	環境生活部	廃棄物対策課	(022)211-2648, 2686	(022)211-2390
5 秋田県	生活環境部	環境整備課	(018)860-1622	(018)860-3856
6 山形県	生活環境部	循環型社会推進課	(023)630-2322, 3044	(023)625-7991
7 福島県	生活環境部	産業廃棄物課	(024)521-7264	(024)521-7984
8 茨城県	生活環境部	廃棄物対策課	(029)301-3027, 3033	(029)301-3039
9 栃木県	環境森林部	廃棄物対策課	(028)623-3107	(028)623-3113
10 群馬県	環境森林部	廃棄物・リサイクル課	(027)226-2851	(027)223-7292
11 埼玉県	環境部	産業廃棄物指導課	(048)830-3125	(048)830-4774
12 千葉県	環境生活部	廃棄物指導課	(043)223-2757	(043)221-5789
13 東京都	環境局 廃棄物対策部	産業廃棄物対策課	(03)5388-3586	(03)5388-1381
14 神奈川県	環境農政局 環境保全部	廃棄物指導課	(045)210-4159	(045)210-8847
15 新潟県	県民生活環境部	廃棄物対策課産業廃棄物係	(025)280-5161	(025)283-5740
16 富山県	生活環境文化部	環境政策課廃棄物対策班	(076)444-9618	(076)444-3480
17 石川県	環境部	廃棄物対策課	(076)225-1472	(076)225-1473
18 福井県	安全環境部	循環社会推進課	(0776)20-0382	(0776)20-0679
19 山梨県	森林環境部	環境整備課	(055)223-1515	(055)223-1507
20 長野県	環境部	廃棄物対策課廃棄物政策係	(026)235-7187	(026)235-7259
21 岐阜県	環境生活部	廃棄物対策課産業廃棄物担当	(058)272-8217	(058)278-2607
22 静岡県	くらし・環境部	環境局廃棄物リサイクル課	(054)221-2423	(054)221-3553
23 愛知県	環境部	資源循環推進課	(052)954-6235	(052)953-7776
24 三重県	環境森林部	廃棄物対策室	(059)224-3310, 2475	(059)222-8136

都道府県	部（局）名	課（室）係名	電話番号	FAX番号
25 滋賀県	琵琶湖環境部	循環社会推進課	(077) 528-3471	(077) 528-4845
26 京都府	文化環境部	循環型社会推進課	(075) 414-4730	(075) 414-4710
27 大阪府	環境農林水産部	循環型社会推進室 産業廃棄物指導課	(06) 6210-9570, 9571, 9564	(06) 6210-6569
28 兵庫県	農政環境部	環境管理局環境整備課廃棄物適正処理係	(078) 362-3281	(078) 362-4189
29 奈良県	くらし創造部 景観・環境局	廃棄物対策課	(0742) 27-8746, 8747, 8748 内 3387〜8	(0742) 22-7482
30 和歌山県	環境生活部	環境生活局循環型社会推進課	(073) 441-2675	(073) 441-2685
31 鳥取県	生活環境部	循環型社会推進課	(0857) 26-7562	(0857) 26-7563
32 島根県	環境生活部	廃棄物対策課	(0852) 22-6151	(0852) 22-6738
33 岡山県	環境文化部	廃棄物対策課	(086) 226-7308	(086) 224-2271
34 広島県	環境県民局	産業廃棄物対策課	(082) 211-5374	(082) 211-5374
35 山口県	環境生活部	廃棄物・リサイクル対策課	(083) 933-2983, 2988	(083) 933-2999
36 徳島県	県民環境部	環境総局環境整備課	(088) 621-2259	(088) 621-2846
37 香川県	環境森林部	廃棄物対策課	(087) 832-3223	(087) 831-1273
38 愛媛県	県民環境部	循環型社会推進課	(089) 912-2355	(089) 912-2354
39 高知県	林業振興・環境部	環境対策課	(088) 821-4523	(088) 821-4520
40 福岡県	環境部	廃棄物対策課	(092) 643-3363	(092) 643-3365
41 佐賀県	くらし環境本部	循環型社会推進課	(0952) 25-7078	(0952) 25-7774
42 長崎県	環境部	廃棄物対策課廃棄物対策班	(095) 895-2313, 2375	(095) 824-4781
43 熊本県	環境生活部	廃棄物対策課	(096) 333-2277, 2278	(096) 383-7680
44 大分県	生活環境部	廃棄物対策課	(097) 506-3129, 3135, 内 3137	(097) 506-1748
45 宮崎県	環境森林部	循環社会推進課廃棄物処理センター	(0985) 26-7687	(0985) 22-9314
46 鹿児島県	環境林務部	廃棄物リサイクル対策課	(099) 286-2594	(099) 286-5545
47 沖縄県	環境生活部	環境整備課	(098) 866-2231	(098) 866-2235

○都道府県の建設リサイクル法担当部局一覧

(平成24年4月1日現在)

	都道府県	建設リサイクル法及び指針に関する問合せ先 担当部局名・担当課等名	電話	解体工事業者の登録に関する問合せ先 担当部局名・担当課等名	電話
1	北海道	建設部 住宅局 建築指導課(届出、普及) 建設部 建設管理局 技術管理課(指針)	011-204-5578 011-204-5589	建設部 建設管理局 建設情報課	011-204-5587
2	青森県	県土整備部 建築住宅課 建築指導グループ(建築物) 県土整備部 整備企画課 企画・指導調査グループ(その他全般)	017-734-9693 017-734-9644	県土整備部 監理課 建設業振興グループ	017-734-9640
3	岩手県	県土整備部 建設技術振興課	019-629-5951	県土整備部 建設技術振興課	019-629-5951
4	宮城県	環境生活部 資源循環推進課	022-211-2649	土木部 事業管理課	022-211-3116
5	秋田県	建設部 技術管理課 調整・建設マネジメント班	018-860-2427	建設部 建設政策課 建設業班	018-860-2425
6	山形県	県土整備部 建設企画課	023-630-2652	県土整備部 建設企画課	023-630-2658
7	福島県	土木部 建築指導課	024-521-7523	土木部技術管理課建設産業室	024-521-7452
8	茨城県	土木部 検査指導課 建設リサイクル担当	029-301-4386	土木部 検査指導課 建設リサイクル担当	029-301-4386
9	栃木県	県土整備部 技術管理課 技術調整担当 県土整備部 建築課 建築指導班	028-623-2421 028-623-2514	県土整備部 監理課 建設業担当	028-623-2390
10	群馬県	県土整備部 建設企画課 技術調査係	027-226-3531	県土整備部 建設企画課 建設業係	027-226-3520
11	埼玉県	県土整備部 総合技術センター 公共事業評価・コスト縮減・建設リサイクル担当	048-643-8732	県土整備部 建設管理課 建設業担当	048-830-5177
12	千葉県	県土整備部 技術管理課	043-223-3440	県土整備部 技術管理課	043-223-3440
13	東京都	都市整備局 都市づくり政策部 広域調整課 都市整備局 市街地建築部 建築企画課	03-5388-3231 03-5388-3341	都市整備局 市街地建築部 建設業課	03-5388-3353
14	神奈川県	県土整備局 企画調整部 技術管理課 建設リサイクルグループ	045-210-6124	県土整備部 建築住宅部 建設業課 建設業審査グループ	045-640-6301
15	新潟県	土木部 技術管理課	025 280 5391	土木部 監理課 建設業室	025 280 5386
16	富山県	土木部 建設技術企画課 土木部 建築住宅課	076-444-3298 076-444-3357	土木部 建設技術企画課	076-444-3312
17	石川県	土木部 監理課技術管理室 土木部 建築住宅課	076-225-1787 076-225-1778	土木部 監理課 建設業振興グループ	076-225-1712
18	福井県	土木部 土木管理課 技術管理グループ	0776-20-0471	土木部 土木管理課 建設業グループ	0776-20-0170
19	山梨県	県土整備部 技術管理課 県土整備部 建築住宅課	055-223-1682 055-223-1735	県土整備部 県土整備総務課 建設業対策室	055-223-1843
20	長野県	建設部 建築指導課	026-235-7331	建設部 建設政策課 建設業係	026-235-7293
21	岐阜県	都市建築部 建築指導課	058-272-8680	県土整備部 建設政策課	058-272-8504

195

22	静岡県	交通基盤部 建設支援局 技術管理課	054-221-2168	交通基盤部 建設支援局 建設業課 許可班	054-221-2507
23	愛知県	建設部 建築担当局 住宅計画課 (建リ法) 建設部 建設企画課(指針)	052-954-6570 052-954-6508	建設部 建設業不動産課	052-954-6503
24	三重県	県土整備部 公共事業運営課	059-224-2918	県土整備部 建設業課	059-224-2660
25	滋賀県	土木交通部 建築課 建築指導室 (建リ法)	077-528-4258	土木交通部 監理課	077-528-4114
26	京都府	建設交通部 建築指導課 建設交通部指導検査課(指針)	075-414-5346 075-414-5219	建設交通部 指導検査課	075-414-5223
27	大阪府	住宅まちづくり部 建築指導室 審査指導課	06-6941-0351 (内4320)	住宅まちづくり部 建築振興課	06-6941-0351 (内3086)
28	兵庫県	県土整備部 住宅建築局 建築指導課	078-362-3608	県土整備部 県土企画局 総務課 建設業室	078-362-9249
29	奈良県	土木部 技術管理課 建築技術係	0742-27-7613	土木部 建設業指導室	0742-27-5429
30	和歌山県	県土整備部 県土整備政策局 技術調査課	073-441-3083	県土整備部 県土整備政策局 技術調査課	073-441-3069
31	鳥取県	県土整備部 技術企画課	0857-26-7808	県土整備部 県土総務課	0857-26-7347
32	島根県	土木部 技術管理課	0852-22-6014	土木部 土木総務課 建設産業対策室	0852-22-5185
33	岡山県	土木部 技術管理課 土木部 都市局 建築指導課 環境文化部 循環型社会推進課	086-226-7460 086-226-7499 086-226-7308	土木部 監理課 建設業班	086-226-7463
34	広島県	土木局 技術企画課	082-513-3859	土木局 建設産業課	082-513-3822
35	山口県	土木建築部 技術管理課 技術指導班	083-933-3636	土木建築部 監理課 建設業班	083-933-3629
36	徳島県	県土整備部 建設管理課	088-621-2622	県土整備部 建設管理課 建設業振興指導担当	088-621-2519
37	香川県	土木部 技術企画課	087-832-3511	土木部 土木監理課	087-832-3507
38	愛媛県	土木部 管理局 土木管理課 技術企画室	089-912-2648	土木部 管理局 土木管理課	089-912-2644
39	高知県	土木部 建設管理課	088-823-9826	土木部 建設管理課	088-823-9815
40	福岡県	建築都市部 建築指導課 環境部 循環型社会推進課(指針)	092-643-3720 092-643-3372	建築都市部 建築指導課	092-643-3719
41	佐賀県	県土づくり本部 建設・技術課	0952-25-7153	県土づくり本部 建設・技術課	0952-25-7153
42	長崎県	土木部 建設企画課	095-894-3023	土木部 監理課	095-894-3015
43	熊本県	土木部 土木技術管理課(土木) 土木部 建築住宅局 建築課 建築物安全推進室(建築)	096-333-2490 096-333-2535	土木部 監理課 建設業班	096-333-2485
44	大分県	土木建築部 建設政策課 事業・環境評価対策班	097-506-4561	土木建築部 土木建築企画課 建設業指導班	097-506-4516
45	宮崎県	県土整備部 技術企画課	0985-26-7178	県土整備部 管理課 建設業担当	0985-26-7176
46	鹿児島県	土木部 監理課技術管理室	099-286-3515	土木部 監理課	099-286-3508
47	沖縄県	土木建築部 技術管理課	098-866-2374	土木建築部 土木企画課	098-866-2384

―― 編集委員紹介 ――

委員長
株式会社フジタ　建設本部
　土木エンジニアリングセンター
技術企画部
　エグゼクティブコンサルタント　　　　　　　阪本廣行

委員
千葉県県土整備部技術管理課
　建設リサイクル推進室　副主幹　　　　　　　藤原正久

鹿島建設株式会社　安全環境部　次長　　　　　米谷秀子

産業廃棄物処理事業振興財団　適正処理推進部　次長　　　山脇　敦

大成有楽不動産株式会社　テクノセンター　技師長　　　　檜垣貫司

（平成24年4月現在）

改訂版　建設リサイクル実務Q＆A

2001年5月25日　第1版第1刷発行
2012年8月31日　第2版第1刷発行
2013年1月21日　第2版第2刷発行

編　著　　建設副産物リサイクル
　　　　　広　報　推　進　会　議

発行者　　松　林　久　行

発行所　　株式会社 大成出版社

東京都世田谷区羽根木 1―7―11
〒156-0042　電話 03 (3321) 4131（代）
http://www.taisei-shuppan.co.jp/

© 2012　建設副産物リサイクル広報推進会議　　　印刷　亜細亜印刷
落丁・乱丁はおとりかえいたします。

ISBN978-4-8028-3052-2